Hotchkiss Public Library
(303) 872-3253
P. O. Box 540
Hotchkiss, CO 81419

```
J 468 Mc
McGrath, Susan, 1955-
Los animales hacen cosas
  asombrosas
```

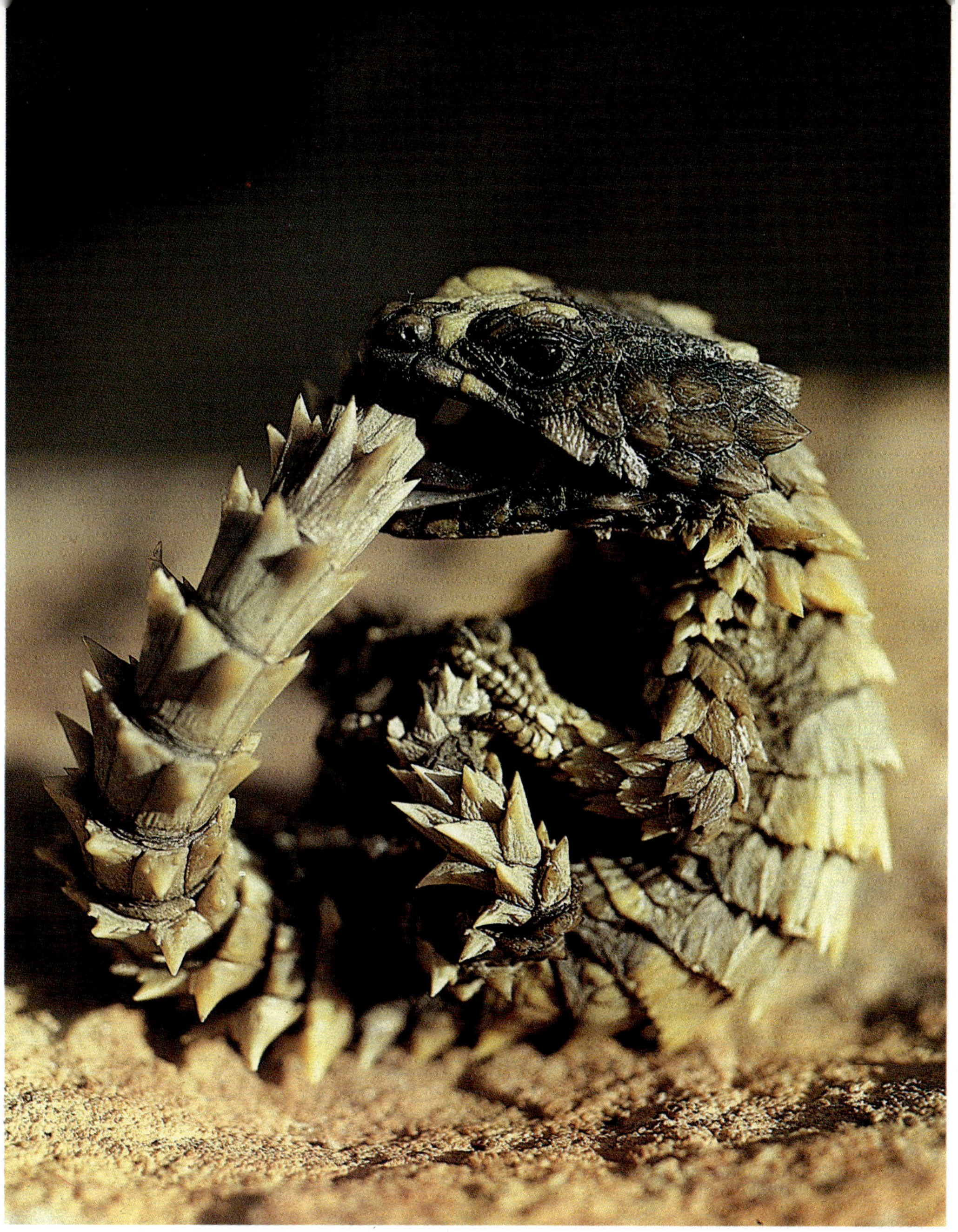

LOS ANIMALES HACEN COSAS ASOMBROSAS

BY SUSAN McGRATH

Contenido

1 **Movimiento: ¡La Unica Forma de Llegar!** 4

2 **¡Cuenta, Cuenta!** 22

3 **Criar un Bebé** 40

4 **Lo Elemental** 54

5 **¡En Guardia!** 76

Indice 94

CUBIERTA: Encaramado en la rama, el guepardo atisba el terreno en busca de comida. Con su cuerpo esbelto y sus patas largas puede correr a velocidades sorprendentes –a más de 97 km por hora en distancias cortas. Para cazar, se acerca con sigilo a la presa. De pronto, ¡ZÁS! El gato acelera y sale en busca del bocado.
ROBERT CAPUTO

PORTADA: ¿Cuándo la guirnalda no es guirnalda? Cuando se trata de una lagartija armadillo, como ésta. Relajado, este reptil sudafricano es largo y delgado. Pero cuando se ve amenazado, se enrolla, mordiendo la punta de su cola. Así, su vientre blando y frágil queda protegido por su espalda espigada.
© ANTHONY BANNISTER

Edición en español
Copyright © 1994 C.D. Stampley Enterprises, Inc., Charlotte NC USA
Todos los derechos reservados
ISBN 0-915741-52-0

Copyright © 1989 National Geographic Society, Washington, DC USA
All rights reserved

¡Vueltas y Vueltas!

Acróbata etérea, la crisopa verde despega desde una hoja y se lanza, de súbito, en una maroma hacia atrás. ¿Cómo realiza tan sorprendente salto? El secreto está en la estructura de sus alas y en la manera en que las controla. La crisopa tiene dos pares de alas que mueve en forma independiente. Para despegar, y luego para dar el salto, usa cada par en tiempo y forma alternos. Junta las alas de golpe y luego las levanta, sobre su cabeza.

Este libro es una sesión de circo, en que las acrobacias de la crisopa son el primer acto. El proyector iluminará cinco escenarios distintos, todos con espectáculos asombrosos. En una de las pistas, podrás presenciar las maravillas de que son capaces los animales. En otra, animales que se comunican de forma creativa. En la tercera pista, bebés maravillosos son primeras figuras. En la cuarta pista verás a comilones extraordinarios; y en la quinta, los animales te muestran maneras sorprendentes de estar en guardia. ¡Última llamada! ¡Comienza la función!

STEPHEN DALTON / NHPA

1 Movimiento: ¡La Unica Forma de Llegar!

Este impala arranca súbitamente, con un salto de 3 m de altura y 9 m de largo. Segundos antes, pastaba tranquilamente en la llanura africana. El viento le llevó el olor de un león y entró en acción para ponerse a salvo. Muy pocos animales en la Tierra compiten en salto con el impala. Sin embargo, algunos se mueven de maneras sorprendentes. La ardilla voladora vuela de un árbol a otro; el geco, una lagartija, escala superficies tan resbalosas como el cristal. Los murciélagos cruzan el cielo de noche a gran velocidad, guiados por su propio sonar. Conoce, en este libro, a todos estos campeones.

S. ROBINSON / NHPA

LOIS SLOAN (ARRIBA)
El oreotrago saltador (izquierda) supera en equilibrio al mejor acróbata. Vive en las colinas y montañas de África. Puede saltar, desde una posición de reposo, una distancia de más de un metro y caer sobre una superficie del tamaño de una moneda (arriba). Al caer junta las patas; sus pezuñas elásticas se agarran al suelo.
© ANTHONY BANNISTER (IZQUIERDA)

Con la aceleración de un potente coche deportivo, el corredor más rápido de la Tierra avanza como rayo a través de la llanura (abajo). Para cazar a su presa, el guepardo la acecha y luego ataca. En distancias cortas, alcanza más de 100 km por hora y en el resto de la carrera mantiene un promedio de 65 km por hora. Puede derribar a un antílope en cuestión de segundos.

ANIMALS ANIMALS/TERRY MURPHY

Casi todos los animales se mueven. El canguro brinca, la rana salta, la serpiente repta, el caballo galopa y el pájaro vuela. Cada animal se mueve de manera distinta, dependiendo de cómo está hecho y de cuál es su medio. En la cima de una montaña, este oreotrago saltador que vemos a la izquierda salta de roca en roca. Aterriza con facilidad en pendientes empinadas sobre sus pequeñas pezuñas redondas. Debajo del mar, el escaramujo, como si estuviera pegado a una roca, mueve sus tentáculos a modo de brazos en busca de alimento.

¿Por qué se mueven los animales? Esta pregunta puede parecer una perogrullada: Los animales se mueven para buscar alimento, para salvarse del peligro y para reunirse con sus congéneres. Algunos se mueven de forma espectacular.

Los Demonios de la Velocidad

El guepardo es el mamífero terrestre más veloz. En distancias cortas (la longitud de dos canchas de fútbol), este gato africano corre a más de 100 km por hora. Cuando acelera al máximo, ¡se le podría multar en una autopista por exceso de velocidad!

El esbelto cuerpo del guepardo está hecho para la velocidad. Su cráneo es pequeño y muy poca grasa rodea a su esqueleto. Sus patas son largas y musculosas y su espina dorsal, sumamente flexible, se dobla arriba o abajo permitiéndole así dar largas zancadas. Su poderosa cola lo mantiene en equilibrio cuando avanza en veloz carrera, y también le sirve para maniobrar. *(Continúa en la página 10)*

GUNTER ZIESLER (ARRIBA Y ABAJO)

Manadas de ñus levantan una tormenta de arena al galopar por la llanura de Serengeti en África (arriba). Más de un millón de estos antílopes migran juntos cada año. Durante la época de sequía, la hierba es escasa. Los animales recorren más de 300 km en busca de alimento.

Como un clavadista, este ñu se lanza desde el ribazo para cruzar el río (derecha). El largo viaje pone a prueba su capacidad de supervivencia. Si aminora la marcha, corre peligro. Las hienas y otros enemigos siguen a las manadas, matando a los que se quedan atrás.

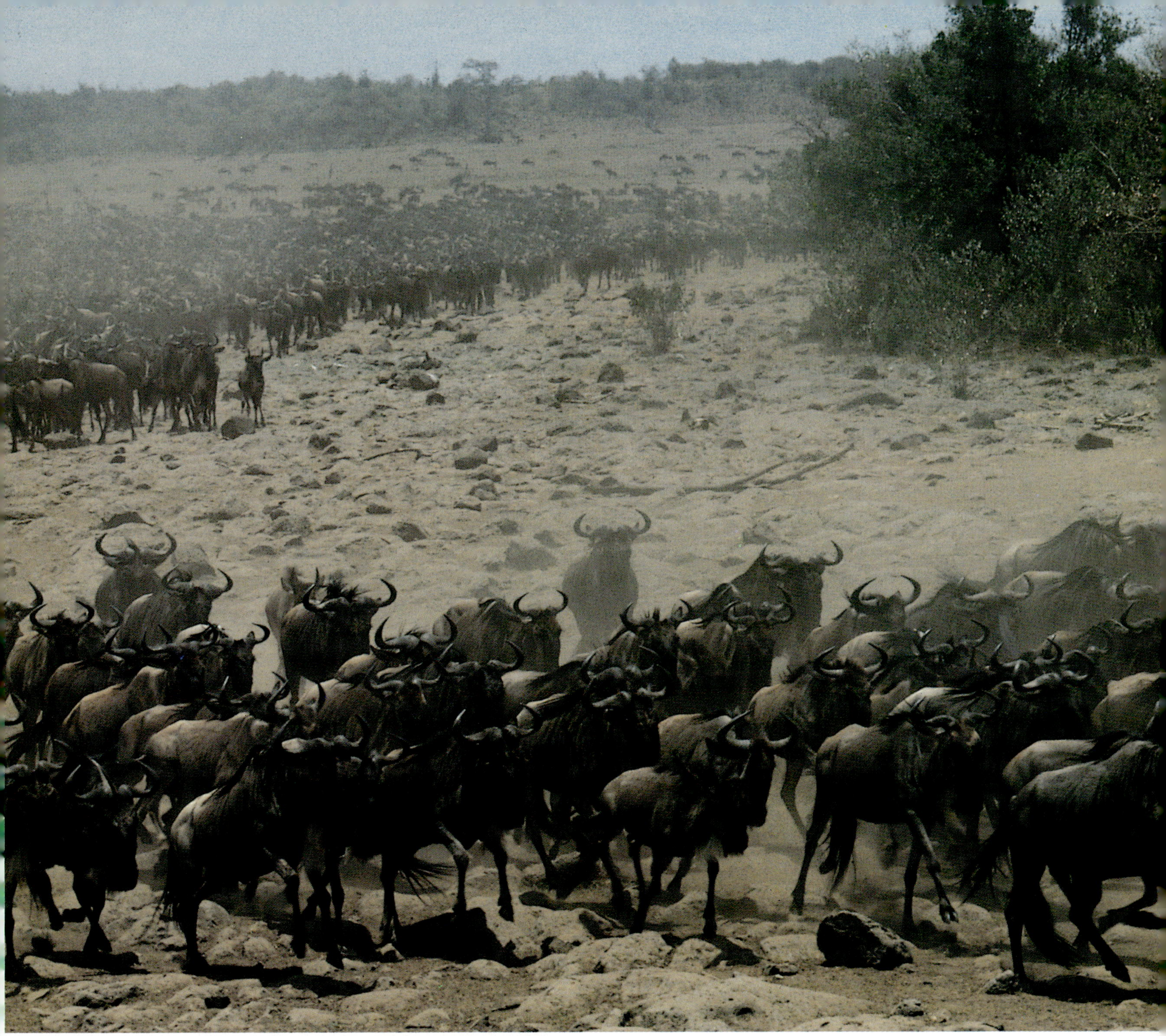

LEN RUE, JR.

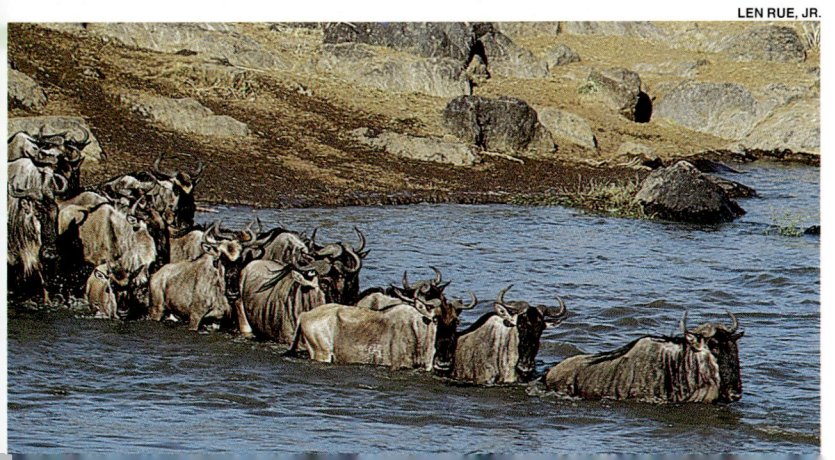

A más de 160 km de la llanura de Serengeti, los ñus cruzan el río Mara, en Kenia (izquierda). Muchos más los siguen. Pasan muchas horas hasta que cruzan todos los animales. Aunque el pasto crece cerca del río, los ñus buscarán mejores pastizales. ¿Cómo saben a dónde ir? Observan las nubes de tormenta y escuchan los truenos. Cuando se percatan de dónde llueve, se dirigen en esa dirección.

El brinco de un canguro rojo macho (izquierda). A máxima velocidad recorre 9 m en cada salto. A los canguros se les llama "zancos vivientes". El dibujo te muestra por qué. Para brincar, tanto el canguro como la niña se inclinan hacia adelante y se impulsan. El resorte del zanco hace que la niña rebote. Los pies del canguro actúan como resorte.

(Continúa de la página 7) Le ayuda a cambiar rápidamente de dirección cuando persigue a su presa.

Los corredores más veloces de la Tierra tienen, casi todos, patas largas: el avestruz, el caballo de carreras, el galgo y muchos otros. Pero éstas no son lo único que hace veloz a un animal. El elefante puede medir 4 m de alto, pero no es corredor. Con un peso de más de 6 toneladas, sus patas tienen el grosor de un tronco y requieren mucha energía sólo para aguantar su peso. Así, cuando se mueve, sus patas lo trasladan pesadamente a una velocidad promedio de 4 a 13 km por hora. Al embestir puede alcanzar los 40 km por hora. Pero a su paso normal no es más rápido que una ardilla, que corre a 13 km por hora. De hecho, la ardilla es campeona de velocidad entre los de su tamaño.

Movimiento en Masa

Los corredores son superestrellas de la locomoción; pero otros animales realizan proezas sorprendentes en resistencia y navegación. Al migrar, viajan cientos o miles de km. Generalmente, migran huyendo del frío o la falta de alimento. El ñu es un antílope grande que vive en el sur de África, pastando en las extensas llanuras. Durante la época de sequía, en mayo, el pasto es escaso. Para encontrar alimento, el ñu se desplaza hacia el norte y el oeste, a unos 1,300 km o más. *(Continúa en la página 13)*

Curiosidades Animales

¡En sus marcas;... listos;... salten! Gracias a los poderosos músculos de sus patas, el saltamontes, de 5 cm de largo, salta a más de 90 cm (20 veces la longitud de su cuerpo). Tomando vuelo, una joven campeona mundial alcanzó 4.5 m, un poco más de tres veces su altura. Si hubiera tenido la potencia del saltamontes en los músculos de las piernas, ¡hubiera saltado más de 23 m!

BARBARA L. GIBSON

¡Despegue! La rana arborícola europea se lanza desde una hoja resbalosa, mojada por la lluvia. Para captar la acción, el fotógrafo hizo dos exposiciones en un solo marco. La rana se sujeta a la hoja con un líquido pegajoso producido en la planta de sus pies. Se impulsa con sus musculosas patas traseras y salta 1.5 m.

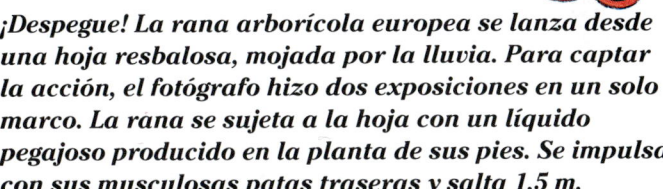

El escarabajo de resorte salta sin usar las patas (arriba). Así, asusta a sus enemigos o se voltea cuando está boca arriba. Arquea su cuerpo, jala la punta de su columna hasta formar una especie de gancho y, con un sonoro click, la afloja, sale disparado y aterriza sobre sus patas.

MICHAEL FOGDEN

Estar colgados es lo que mejor hacen el perezoso y su bebé (arriba). Sus patas no están hechas para sostener su cuerpo o para caminar. Pero sostienen al perezoso cuando cuelga de las ramas. Está colgado de sus fuertes garras mientras come, duerme, se aparea y nace su cría. Vive principalmente en América del Sur; debido a su lentitud, se esconde de sus enemigos con la ayuda de ciertas algas verdosas que cubren su pelo y se camufla con los colores del bosque.

DWIGHT R. KUHN

El geco es otro campeón del equilibrio y un magnífico trepador. Sus pies planos (abajo, derecha) están cubiertos de arrugas, en las cuales crecen en abundancia unos pequeños pelos que hacen que sus dedos sean pegajosos. Con ellos se adhiere a cualquier superficie seca. Puede recorrer boca abajo las ramas (arriba) o un techo o escabullirse por una pared.

(Continúa de la página 10) Cientos de manadas viajan juntas. Los animales cruzan ríos y recorren, incansables, planicies secas. Su viaje a las regiones de pasto dura semanas. ¿Cómo saben hacia dónde ir? Siguen la dirección de las nubes de tormenta y de los truenos.

Otros animales migratorios usan otras guías. Los caribús, las tortugas marinas y muchos pájaros siguen la posición del Sol y de otras estrellas. Las palomas usan el campo magnético de la Tierra como radar. El salmón del Pacífico huele y sigue ciertos elementos químicos que transportan las corrientes marinas desde el sitio en donde nació.

No se sabe exactamente cómo viaja la mariposa monarca, pero no cabe duda de que este pequeño insecto tiene una resistencia excepcional. Esta frágil mariposa, anaranjada y negra, vive en las praderas del norte de Estados Unidos y Canadá. Cada año, millones de ellas viajan hasta México durante el invierno. Cada una pesa 0.6 g. Hacen su viaje de 3,200 km hacia el sur a velocidades de más de 32 km por hora. ¡Casi la velocidad de un elefante al embestir! Además, los pilotos de aviación han visto a las mariposas volar a una altura de 1,800 m. En la primavera, las monarcas regresan a casa. En el camino, se detienen para aparearse y poner sus huevos.

Arriba... Arriba...

No todos los animales viajan velozmente o largas distancias. Pero algunos se levantan del suelo en forma sorprendente. El canguro y la rana son expertos en salto de longitud. Harían buen papel en cualquier competencia de salto. Los cuartos traseros del canguro tienen potentes músculos. Para saltar, el animal se inclina hacia adelante, guardando el equilibrio con su fuerte cola. Luego, se impulsa hacia arriba con la punta de los pies. Sus primeros saltos suelen ser cortos. Pero una vez que adquiere velocidad (48 km por hora), avanza 9 m en cada salto. La rana arborícola es otro saltador excepcional. A diferencia del canguro, ésta no tiene cola que le ayude a equilibrarse; le bastan su cuerpo y sus patas, fuertes y bien coordinados. Apoyada en sus patas delanteras, las patas traseras quedan de puntitas, se impulsa y sale disparada.

Veamos el perezoso. Nace en los árboles de los bosques sudamericanos y pasa toda su vida en ellos. Para vivir

El mono araña (derecha) es un acróbata. Vive en los bosques de Centro y Sudamérica, columpiándose de los árboles. El mono se agarra de una rama con su cola prensil (que sirve para agarrar) y con un brazo. Luego, se impulsa hacia adelante y agarra otra rama con el otro brazo y sus piernas.

en su casa de hojas, se cuelga boca arriba de las ramas. Las patas, con sus fuertes garras, lo aguantan mientras come, duerme, se aparea, nacen sus crías y también mientras las cría. Pero sus patas no son comparables a las del canguro, a las de la rana o incluso a las de una tortuga terrestre. No lo aguantan en el suelo; si el perezoso baja o se cae del árbol, lo cual rara vez sucede, se arrastra sobre su vientre. En el agua nada con rapidez, pero en tierra firme y en los árboles es uno de los animales más lentos de la Tierra. Para desplazarse en las ramas, mueve sus patas una sobre la otra. El viaje puede durar horas.

... ¡Y al Aire!

Para pasar de los árboles al aire es necesaria otra clase de movimiento: el vuelo. Los pájaros, los murciélagos y algunos insectos son los animales que vuelan. Hay otros que casi vuelan, como la ardilla voladora. Este mamífero, del tamaño de una ardilla normal, vive en los bosques de Australia y Nueva Guinea, donde planea de un árbol a otro. Para ello, usa unas membranas de piel, que parecen alas, y que unen sus patas delanteras. Para despegar se lanza desde una rama alta. Luego, extiende sus patas y se estira aplanando su cuerpo. Cuando *(Continúa en la página 17)*

C. & S. POLLITT/AUSTRALASIAN NATURE TRANSPARENCIES

Alfombra mágica del mundo animal, la ardilla voladora planea en un bosque de Australia. Nace equipada con una membrana que une sus patas delanteras y traseras. Al lanzarse desde una rama, se aplana y estira las patas, convirtiéndose en un papalote. Puede planear entre una y otra rama a 45 m de distancia.

¡Despegue! Desde la copa del árbol, este sifaka se lanza impulsado por sus potentes patas traseras. Para aterrizar, extiende las extremidades. Puede planear 9 m hasta otro árbol. A diferencia de la ardilla voladora, que se lanza de cabeza hacia abajo, el sifaka se lanza hacia arriba. El sifaka es pariente cercano del mono y vive en Madagascar.

FRANK GREENAWAY/BRUCE COLEMAN LTD.

El murciélago agita sus alas en la oscuridad (arriba). Es el único mamífero que vuela. Sus alas son extensiones de sus patas delanteras. Para volar, usa un sistema llamado ecolocalización. Emite ciertos sonidos rápidos con la garganta, cuyas ondas rebotan al chocar contra los obstáculos en su camino. El eco que producen guía al murciélago.

(*Continúa de la página 14*) llega a la rama más baja, junta sus patas y cae sobre ellas.

En velocidad, la ardilla voladora no puede competir con ningún pájaro, especialmente con el llamado vencejo. De hecho, ni siquiera el leopardo podría ganarle al vencejo. Del tamaño de un petirrojo, este pájaro vuela a más de 160 km por hora.

Los pájaros se mueven a más velocidad que cualquier otro animal. He aquí por qué: pesan poco y tienen mucha fuerza; sus plumas y huesos son huecos, y en lugar de dientes pesados tienen picos ligeros. Además, ponen huevos en sus nidos; es decir, no cargan el peso de sus crías dentro de su cuerpo como lo hacen los mamíferos. El vencejo es más aerodinámico que otros pájaros. Cuando vuela, recoge sus patas, que son muy cortas, y las pega al cuerpo. Cuando descansa, clava sus afiladas garras en la corteza de un árbol o en la grieta de una roca y se cuelga de cabeza. Pero rara vez descansa. Vuela todo el día en busca de insectos.

Volar contra el viento es una proeza, como lo es también maniobrar en el aire. En ese aspecto, el colibrí no tiene rival. Este helicóptero viviente puede permanecer inmóvil suspendido en el aire, volar hacia arriba en vertical, e ir en reversa. El secreto de su flexibilidad de vuelo estriba en sus alas. Las alas de un pájaro tienen articulaciones parecidas a nuestro codo o nuestra muñeca. Cuando el pájaro agita sus

Pequeño pero ágil, el colibrí (derecha) revolotea frente a la flor. Puede maniobrar mejor que cualquier pájaro, igual que el helicóptero maniobra mejor que el avión. Sus alas, fuertes y rígidas, se mueven trazando un ocho en el aire; éstas le permiten detenerse, acelerar hacia adelante y subir rápidamente en vertical.

alas, éstas se doblan. Pero las articulaciones del colibrí son rígidas, de modo que sus alas se mueven como remos. Para permanecer quieto en el aire, sus alas se mueven trazando un ocho, movimiento que realiza unas 3,000 veces por minuto y que provoca un zumbido similar al de las abejas. Gracias a la articulación giratoria en la parte superior del ala, ésta puede inclinarse en ángulos diferentes, pudiendo así volar en todas direcciones.

A Nadar

El agua nos presenta un mundo nuevo de movimiento. Aquí, los animales, aunque sean pesados, se mueven con facilidad. La ballena azul, un mamífero, pesa 30 veces más que un elefante adulto, pero es más ágil y más rápida que éste. El agua sostiene a la ballena, de modo que ésta no consume energía cuando descansa. Tiene energía de sobra para nadar. Con las enormes aletas de su cola, se impulsa avanzando a 40 km por hora. Timonea y se balancea con las aletas laterales, y da giros y vueltas con la destreza de una bailarina.

Los peces también usan sus colas para nadar, pero la mueven a un lado y a otro y no de arriba abajo. Con este movimiento, cualquier pez le gana a la ballena. El atún, un pez marino grande, nada a 69 km por hora.

No todos los peces se movilizan nadando. El pulpo suele usar la propulsión a chorro. Al moverse, contrae y afloja su cuerpo blando en forma de saco, compuesto de músculo, y el agua circula adentro y afuera de él. Cuando hay peligro, contrae con fuerza el músculo y el agua sale a chorro, impulsando al pulpo hacia adelante.

En el mundo animal, las formas de movimiento son tan variadas como las nuestras al movernos en tierra, por mar o aire. Pero una cosa es cierta: ¡el movimiento es la única forma de marchar!

JEFFREY L. ROTMAN

Un banco de miles de peces cruza el mar (arriba). No se sabe por qué los peces forman bancos. Algunos creen que al agruparse así disminuyen la resistencia del agua, facilitando que encuentren antes el alimento y que escapen del enemigo más rápidamente. Otros piensan que los bancos ahuyentan al enemigo. Al juntarse los peces, éste no puede concentrarse en uno solo de ellos, de modo que es probable que abandone el intento de ataque.

DAVID DOUBILET

El pulpo (izquierda) pasa veloz frente a una anémona de mar. Para avanzar al máximo, el pulpo no usa sus ocho tentáculos. Succiona el agua, que introduce en el saco de su cuerpo y luego la expulsa con fuerza por un tubo llamado sifón. El agua sale a chorro en una dirección y el pulpo es impelido en la dirección opuesta.

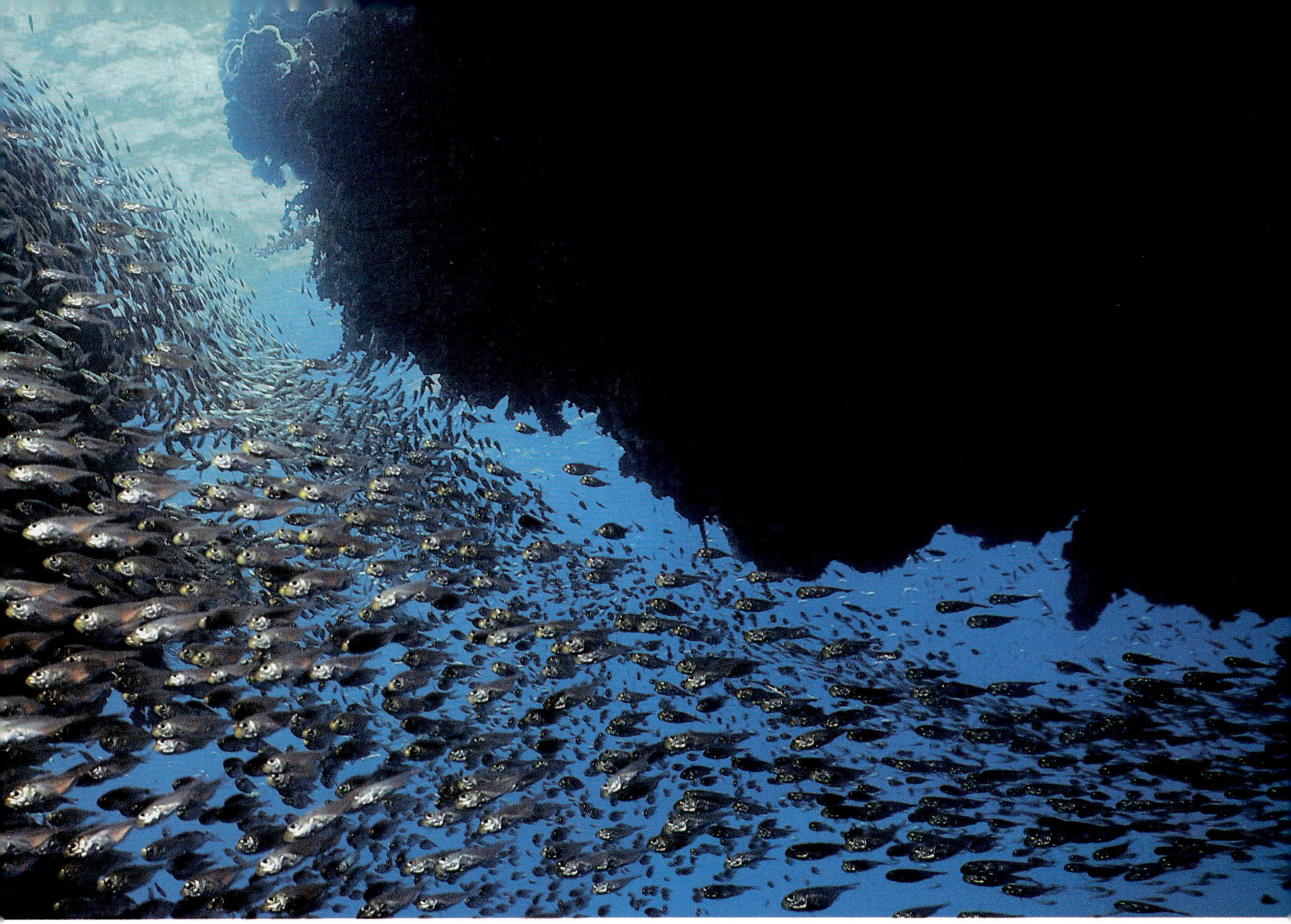

ED ROBINSON/TOM STACK & ASSOCIATES

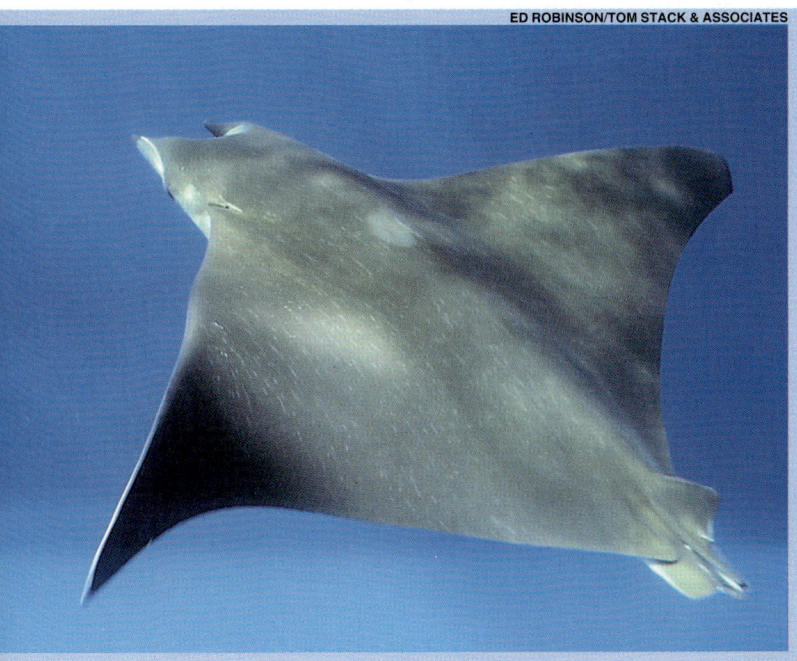

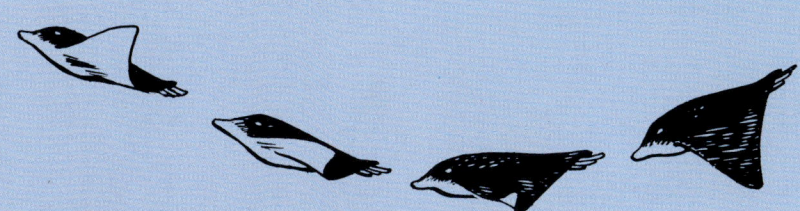

Parecida a un enorme pájaro prehistórico, la mantarraya "revolotea" por el fondo del mar (izquierda). Mide 6 m de ancho y pesa 1.5 toneladas. Para nadar agita sus aletas a modo de alas (arriba). Éstas se mueven arriba y abajo con movimientos fuertes y ondulantes. El movimiento rodante del pez se debe a la flexibilidad de su cuerpo, constituido de cartílago, un material más blando que los huesos.

LOIS SLOAN

Estos pájaros bobos de Adelia se dirigen hacia las aguas de la Antártida. Al echarse de clavado, estos pájaros son aerodinámicos por un instante. Pero los pájaros bobos nunca vuelan en realidad. Sus alas, rígidas y demasiado cortas, hacen el papel de aletas en el agua. Ayudan a impulsar al pájaro a una velocidad de hasta 60 km por hora. Sobre el hielo, los pájaros bobos se tambalean o se deslizan sobre su vientre.

ART WOLFE

2 ¡Cuenta, Cuenta!

¡Aaaaaagh! Este hipopótamo macho bosteza largamente. Su boca se abre tanto que casi forma una línea vertical con sus quijadas. Cada diente delantero mide 51 cm y pesa varios kilos. De hecho, lo que vemos en la foto no es un bostezo, sino su forma de amenazar; su manera de comunicarle a otro hipopótamo macho que éste invade su territorio. Primero, le enseña sus enormes dientes. Luego, emite un fuerte rugido, se levanta sobre sus patas traseras y se deja caer salpicando. Si el intruso quiere evitar la pelea, se agacha o huye, demostrando que acepta el dominio del otro del terreno. El hipopótamo es una de las muchas criaturas que se comunican de forma sorprendente. Conoce a otros comunicadores creativos en las páginas siguientes.

LEN RUE, JR.

En el mundo animal hay muchas cosas que decir y muchas maneras de decirlas. Cada especie animal tiene formas peculiares de usar la vista, el sonido, el olfato y el tacto para enviar mensajes. Dos perros de las praderas se frotan la nariz y se huelen para decir: "¡Te conozco!" El chimpancé chilla blandamente para advertir: "¡Aléjate de aquí!" Los animales se comunican para encontrar sus crías, para anunciar su presencia a un rival, para evitar el hacinamiento y, simplemente, para convivir en armonía.

Tener Sentido

Muchos de los animales de este libro son animales sociales, es decir, viven en grupo y comparten su alimento y sus actividades, de modo que tienen que comunicarse constantemente. Usan cada sentido para comunicar cosas diferentes.

La manada de lobos es un tipo de grupo social. Consta, generalmente, de ocho o más miembros y está organizada como una corte real. En la corte, el rey y la reina tienen el rango más alto; luego siguen los príncipes y princesas y, así, hasta llegar al rango más bajo. En la manada, el líder se llama macho alfa. Los demás machos y las hembras tienen posiciones más bajas.

Para comunicar su dominio sobre los demás en la manada, el macho alfa usa el tacto: lucha contra los otros machos. Luego, usa un mensaje olfatorio para demarcar el

Dos perros de las praderas de cola negra se saludan (arriba), oliéndose y restregándose las narices. Al "besarse", reconocen su respectivo olor y saben que comparten el mismo grupo. Son animales sociales. Duermen juntos y se peinan unos a otros con sus patas y dientes. Este comportamiento íntimo crea lazos estrechos entre ellos.

Como los perros de las praderas, el lobo (abajo) es un animal social. La comunicación entre ellos es compleja. Aquí, dos machos luchan para demostrar cuál es el más fuerte o dominante. Pronto uno se rendirá y se retirará, mostrando así que ya no es una amenaza. El lobo dominante se pondrá de pie y examinará su territorio.

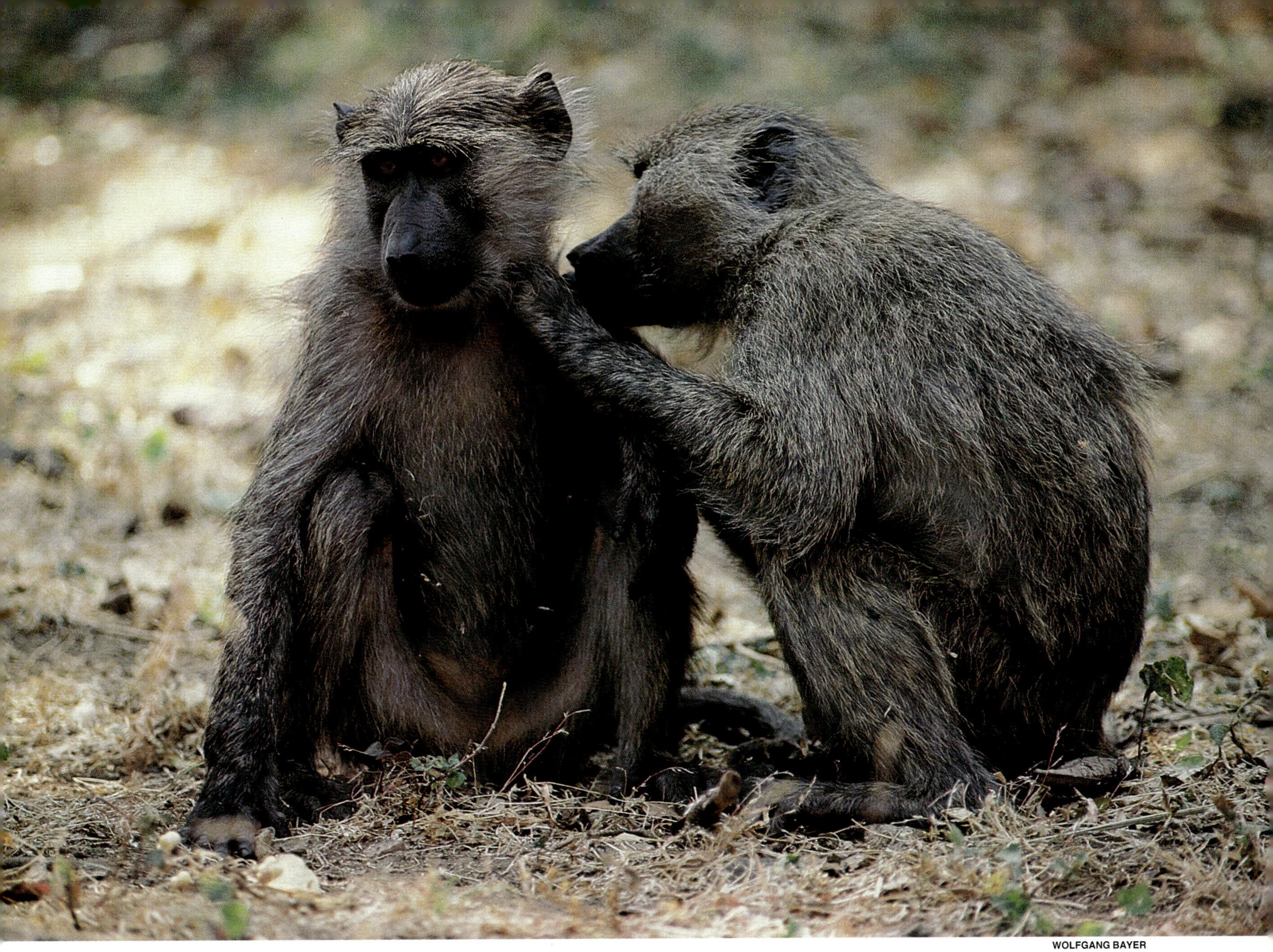

WOLFGANG BAYER

El mandril (arriba) quita tierra, parásitos y escamas de piel seca del pelo de su compañero. El toque del mono es relajante y placentero. Comunica sentimientos afectuosos entre los mandriles.

HUGO VAN LAWICK

LOIS SLOAN

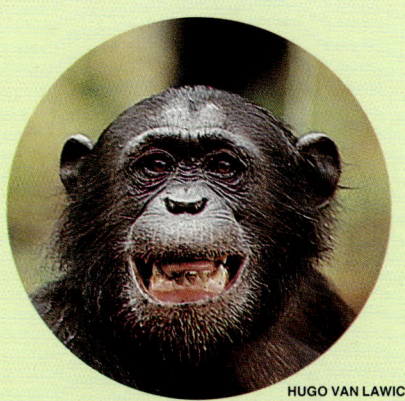

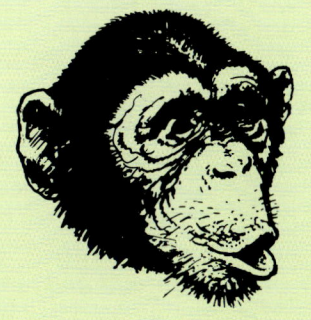

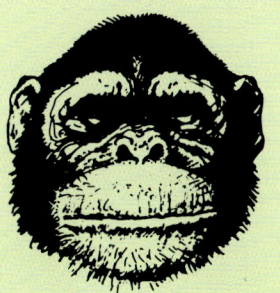

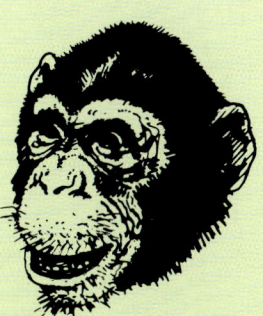

Al chimpancé le encanta hacer muecas. Sus músculos faciales son tan flexibles como los del ser humano, por lo que usa muchas expresiones diferentes para comunicarse con sus congéneres. El de la foto retrae sus labios, mostrando que tiene miedo. En los dibujos, de izquierda a derecha: forma un puchero con los labios para saludar; junta los labios y frunce el ceño en señal de amenaza; y relaja el rostro cuando está contento.

Centro de atención de las demás, la abeja obrera danza en círculo en la colmena (diagrama de abajo). La danza les indica a las demás obreras cómo encontrar las flores que acaba de visitar. Sus movimientos señalan dónde están, y el olor del polen indica qué clase de flores son. A veces, reparte néctar para que las demás lo prueben. Más tarde, las demás irán directamente hacia las flores.

territorio de la manada: rocía con su orina árboles y rocas para advertir al intruso. Cada vez que el macho alfa se encuentra con otros de la manada, usa mensajes visuales para recalcar su rango: la cabeza en alto y la cola apuntando hacia arriba. "Aquí mando yo", dice su postura. Los otros se agachan y meten el rabo entre las patas. "No soy ninguna amenaza", le responden.

Los mensajes vocales son muy importantes para la manada. El lobo es de la familia de los perros, de modo que lloran, gruñen o ladran, según lo que quieran comunicar. Antes de cazar, se reúnen y aúllan en grupo. El aullido refuerza sus sentimientos de unidad y ayuda a los lobos al trabajo en grupo; anuncia la posición de la manada a otras cercanas; o ayuda a un lobo perdido a volver al grupo.

Tocarse

Los lobos son comunicadores de primera en todos los aspectos. Pero muchos animales sociales se comunican mejor tocándose. Pueden peinarse el uno al otro para aliviar la tensión y reforzar sus lazos de unión. Los simios, por ejemplo, hurgan con los dedos en el pelo de sus compañeros. Los monos hacen igual. Limpian el pelo de parásitos y tierra. Aunque puede parecernos rara, esta forma de comunicarse transmite un mensaje importante: "Me agradas. Llevamos una buena relación."

El tacto es muy importante cuando los animales establecen su dominio territorial o cuando tratan de buscar compañera. Entonces, los machos pueden pelearse. El oreotrago saltador utiliza sus cuernos cortos y puntiagudos para pelear con su rival. Los mandriles usan sus afilados dientes delanteros. Los elefantes usan sus colmillos como arietes de golpeo entre ellos. Peleas simuladas sustituyen a veces a las peleas en serio. Los animales se tocan, pero ninguno se lastima. Dos jirafas macho, por ejemplo, se paran juntas con las patas tiesas y enrollan entre sí sus cuellos. Se empujan y se propinan cabezazos. Simulan una pelea. Esta acción define cuál *(Continúa en la página 30)*

¡A bailar! Una abeja obrera danza en círculo (izquierda) para decir a las otras que las flores se hallan a 76 m de distancia. La abeja se mueve trazando un ocho. El ángulo X con que describe el ocho es igual al ángulo X formado entre el sol y las flores. Esta información da la posición de las flores. En el centro del ocho, la abeja hace vibrar su cuerpo. La duración de la vibración equivale a la distancia entre las flores y la colmena.

Una joven jirafa macho se mantiene firme mientras otra la empuja (derecha); así deciden cuál de las dos es la dominante. Aprendieron este modo de comunicación de los adultos. Más tarde, lo usarán para luchar por una compañera. Aquí, ninguna de las dos sale lastimada.

Hay veces en que un animal reta el mensaje del otro. Entonces, se pelean. Aquí, una gacela macho africana ha retado el reclamo de territorio del otro traspasando el límite marcado por éste con su excremento. El intruso es atacado. La pelea acaba cuando uno de ellos, probablemente herido, huye.
CHARLES G. SUMMERS, JR.

FRANS LANTING

Luciéndose, un rabihorcado o fragata macho de las Islas Galápagos muestra la bolsa roja de su cuello (arriba). El macho hincha su bolsa hasta que alcanza el tamaño de un balón de fútbol. Entonces, echa hacia atrás la cabeza y grita mientras agita sus alas. Con este espectáculo les pide a las hembras que lo elijan a él, y advierte a los otros machos que se mantengan alejados.

¡Oye! ¡Aquí! Un cangrejo macho, llamado barrilete (derecha), agita su enorme tenaza para atraer a una hembra de su especie. Cada especie tiene una tenaza de color distinto y la agita de manera diferente. Este cangrejo menea su tenaza blanca de arriba abajo para atraer a su compañera. Sólo el macho tiene una tenaza grande; la pequeña sirve para excavar el alimento.

(Continúa de la página 26) de los dos es el vencedor. Éste se apareará con una compañera.

Algunos animales resuelven sus rencillas sin tocarse. Se comunican usando el sentido de la vista. Como los hipopótamos, protegen su territorio exhibiendo sus armas (los dientes o los cuernos). Otros erizan el pelo para parecer más grandes. Otros embisten a toda velocidad. Casi siempre, el retador se rinde y se escabulle.

Ver es Creer

En algunos casos, los mensajes visuales son el mejor -o el único- modo de comunicación del animal. Las luciérnagas que brillan en la oscuridad no sólo anuncian que "ya llegó el verano", sino que se envían mensajes entre sí. La luciérnaga macho de una especie en particular resplandece mostrando un patrón fijo. Da dos destellos, cada dos segundos, que significan "soy macho". La hembra le responderá lanzando un destello cada vez que él dé dos. Ella dice "soy hembra, y estoy aquí". Entonces, el macho vuela hasta donde está ella y se aparean.

Las señales visuales son veloces, pero no pueden atravesar los obstáculos. A excepción de la luz de la luciérnaga, los mensajes visuales no pueden verse de noche, por lo que sólo cumplen bien su función en situaciones de cercanía. Por ejemplo, muchos pájaros llevan a cabo elaborados rituales visuales durante su cortejo, utilizando el colorido de sus plumas u otros adornos de su cuerpo. Cuando el pavo real quiere atraer a la hembra, abre su cola en abanico para exhibir sus deslumbrantes plumas azules y verdes, pavoneándose delante de ella.

El rabihorcado o fragata macho, un pájaro de los mares tropicales, tiene una bolsa debajo del pico que, la mayor

DIETER Y MARY PLAGE / BRUCE COLEMAN LTD.

Uno y dos, y uno y... estos albatros de las islas Laisán hacen los pasos de su danza de cortejo (izquierda). Los científicos han contado unos ocho pasos diferentes. Primero, el macho se pone enfrente de la hembra y abre el pico. Luego, ambos rozan sus picos (izquierda en el dibujo). En el paso final, elevan los picos hacia el cielo y gritan (derecha).

LOIS SLOAN

Una golondrina marina del mar Caspio le lleva como regalo un pez a la hembra (arriba), pidiéndole así que sea su compañera. Al ofrecerle alimento, él le demuestra que será un buen proveedor. También ayuda a alimentarla para que ella produzca huevos. Si ella acepta su oferta, se convierten en compañeros de por vida. La pareja repetirá este cortejo en cada época de celo. Esta comunicación ayuda a fortalecer su relación.

parte del año, apenas es visible. En época de celo, el pájaro la infla como un globo rojo. Para atraer a la hembra, echa la cabeza y las alas hacia atrás, presumiendo su bolsa. A la vez, agita las alas y grazna.

Para otra ave marina, el alcatraz de patas azules, éstas son parte importante de su ritual de cortejo, sumamente vistoso. El macho desfila delante de la hembra, presumiéndole a ella sus patas. Ella, si está interesada, desfila también. Luego, ambos echan la cabeza hacia atrás, apuntando al cielo y graznan. Uno de ellos recoge una ramita y la pone en el suelo, como si construyera un nido. Antes de aparearse, se ofrecen ramitas como regalo y se tocan suavemente los picos.

Otros pájaros marinos, los albatros, tienen un ritual parecido, aunque no tan vistoso; pero, vistosas o no, las señales visuales ayudan a los pájaros a conservar la especie.

Algo en el Aire

Las señales transmitidas por el olor no viajan a la velocidad de la luz, como las visuales. Pero un mensaje olfatorio puede permanecer mucho tiempo después de que el que lo transmite se haya ido, y es una forma efectiva de marcar las fronteras territoriales. El hipopótamo y el rinoceronte dejan su excremento como marca. El oreotrago saltador rocía los árboles con un líquido odorífero segregado por una glándula facial. El guepardo rocía su territorio con la orina. Mediante estas señales, los animales reconocen a sus crías. El león marino hembra *(Continúa en la página 35)*

DWIGHT R. KUHN

La polilla luna macho (arriba) sintoniza sus antenas plumiformes para localizar a la hembra. Cuando ella está lista para aparearse, sus glándulas segregan un olor llamado feromona. El macho percibe el olor con sus antenas y sigue el rastro hasta ella.

PAUL STERRY/NATURE PHOTOGRAPHERS LTD.

Después de volar 1.6 km por el bosque, esta polilla emperador macho se sitúa bajo la hembra (izquierda). La encontró al seguir el rastro de la feromona segregada por ella. Las antenas del macho son tan sensibles que perciben su olor a grandes distancias,

Un oreotrago saltador macho (derecha) impregna una rama con el líquido segregado por una glándula de su cara. El olor advierte a otros machos cuáles son los confines de su territorio. Si ellos menosprecian este aviso y traspasan el límite, habrá pelea.

Un guepardo rey macho (abajo) rocía un árbol con su orina para demarcar su territorio. Los otros leopardos reconocerán el olor. Como sucede con el mensaje escrito, el olor del animal permanece mucho después de que éste se ha ausentado del lugar. Los animales que se mueven en espacios muy extensos demarcan el territorio que les pertenece con mensajes olfatorios.

© ANTHONY BANNISTER

ANTHONY BANNISTER/NHPA

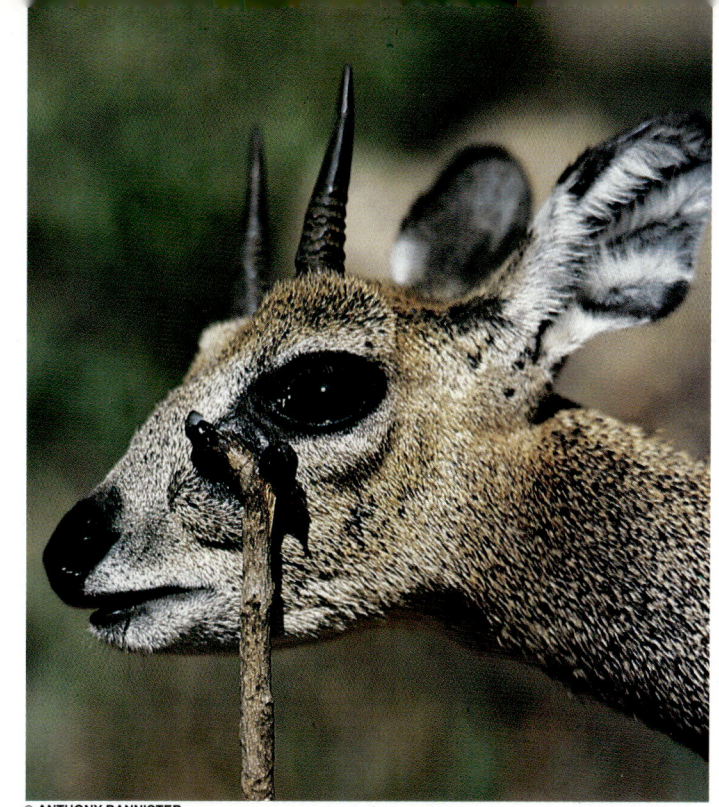

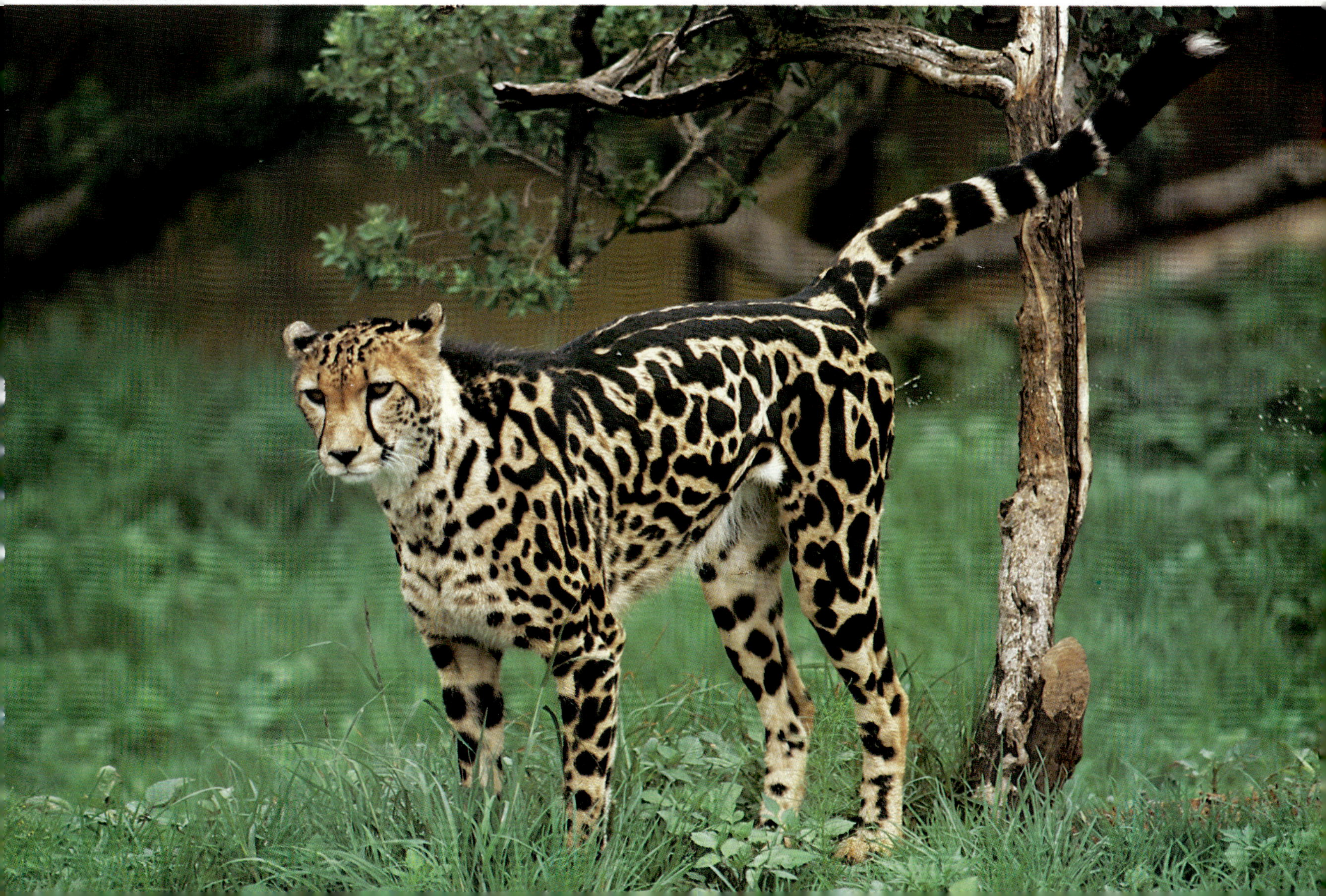

(Continúa de la página 32) limpia a su cachorro recién nacido con la lengua y olfatea su aliento y su olor corporal. Después, mediante la memoria, reconocerá a su cría por el olor, incluso cuando haya crecido.

La polilla hembra atrae al macho mediante la secreción de una sustancia llamada feromona, que tiene un olor muy fuerte. El viento esparce el olor a una distancia de más de 1.5 km. Las antenas plumiformes del macho captan el olor y él lo sigue. Sus antenas están sintonizadas para distinguir el aroma de las hembras de su misma especie.

El Sonido de la Música

El sonido tiene muchas ventajas como medio de comunicación. Por ejemplo, recorre grandes distancias, de modo que los animales no necesitan verse para comunicarse. Además, transmite gran cantidad de información.

El tono y duración del chillido de alerta de una ardilla advierte a las demás si el depredador que se acerca es un halcón o es un tejón. Esta información es importante. Para escapar del halcón, la ardilla puede meterse en cualquier madriguera. Escapar del tejón no es tan fácil. Cuando oye esa alarma, se introduce lo más adentro posible de su escondite, y de preferencia buscará uno que tenga salida por otro lado.

Muchos animales cantan para comunicarse. El mono aullador es un experto vocalista que habita las copas de los árboles en los bosques de América del Sur. El enorme saco que tiene en la garganta le amplifica la voz. El mono infla el saco y chilla. Su aullido recorre todo el bosque. Los aullidos en grupo mantienen juntos a los monos y advierten a los otros grupos que la zona está ocupada.

Éste no es el único animal que usa amplificador. Ciertas ranas macho inflan un saco en su garganta para llamar a las hembras; el saco hace que su croar sea más fuerte. El elefante marino macho también tiene amplificador: una nariz de 38 cm que parece una trompa. En la época de celo el macho brama por la nariz, advirtiendo a sus rivales que las aguas a su alrededor y todas las hembras que nadan en ellas le pertenecen.

¡Aquí estoy!, parece decir el grito fuerte y repentino de un ave fusil de Victoria macho (izquierda). Este pájaro australiano grita para atraer a la hembra y para reclamar su territorio. El colorido de su cuello y plumas refuerzan su mensaje. Para anunciar su presencia, los animales usan más de una forma de comunicación; como este pájaro, que chilla y luce sus adornos al mismo tiempo.

HANS Y JUDY BESTE

¡Poc, poc, poc! Un pájaro carpintero moteado (abajo) toca el tambor en un tronco seco. El árbol hueco amplifica sus golpes. La duración del redoble de tambor y las pausas entre éste les dice a los otros pájaros carpinteros que él es de la especie moteada. Cada especie tiene un redoble diferente.

W.S. PATON/NATURE PHOTOGRAPHERS LTD.

Uno de los sonidos más complicados del reino animal es el canto de la ballena jorobada. Se sabe que todas las ballenas macho de la misma zona emiten el mismo canto. Aunque suelen cantar en la época de celo, se desconoce cuál es su significado real. Está formado de versos, que repite una y otra vez. Cada año, algunos versos viejos se pierden para dar paso a otros nuevos. Su música dura horas y recorre más de 1,200 km por el agua. Un científico, cansado, dejó de grabar el canto de una ballena al cabo de 22 horas seguidas.

No todos los animales emiten ruidos por la boca. El conejo golpea el suelo con las patas traseras cuando se acerca un enemigo. El castor alerta a los demás de la presencia de un depredador golpeando su cola contra el agua. Para atraer a la hembra, el saltamontes "canta" frotando la pata trasera contra una prolongación del ala. Si se le asusta, el cisne trompetero chilla y extiende sus alas blanquísimas, con un aleteo sonoro y precipitado hacia el cielo, seguido por toda la bandada. El enemigo, perplejo, queda atrás.

Verdaderos campeones de peso pesado (cuatro toneladas) dos elefantes marinos macho (arriba) rugen. Es la época de celo y ambos luchan por el dominio de las aguas en una playa de México, donde se han reunido las hembras. El ganador se apareará con ellas durante los próximos tres meses y cuidará de ellos sin dejarlas ni para buscar alimento. La grasa de su cuerpo lo alimentará.

¡Llamado a todas las hembras! Mediante un saco vocal en su garganta, esta rana arborícola gris macho (izquierda) anuncia a voz en grito su mensaje amplificado al inflar su saco. Durante la época de celo, los machos se juntan por miles y croan en coro.

Curiosidades Animales

BARBARA L. GIBSON

PRISCILLA CONNELL: PHOTO/NATS

POP. . . POP. . . ¿Qué es? ¿Una cafetera? ¿Palomitas? Ni una cosa ni otra. Cada primavera, los gallos de salvia compiten en las llanuras del oeste de Estados Unidos (arriba) para conseguir un buen lugar de exhibición. Todos tratan de ganar el centro del territorio porque es ahí donde las hembras buscan al compañero. Los machos silban y emiten sonoros bufidos. Inflan el saco que tienen en el pecho y lo desinflan rápidamente. El ruido se oye a lo largo de las planicies.

Con su bebé a bordo, una madre mono aullador (izquierda) emite un grito defensivo. Cerca de ella, otros de su grupo se le unen, aullando juntos al menos una vez al día. El saco inflado de su garganta amplifica su grito, que se oye a más de un kilómetro del bosque en Sudamérica. Diversos grupos comparten el bosque, pero rara vez se juntan, alertándose con sus aullidos.

Cerca de las Bahamas, estos delfines moteados del Atlántico emiten chasquidos y silbidos que chocan contra los obstáculos rebotando hacia ellos. El delfín, silba para guiarse, para encontrar alimento y para advertirse del peligro. También silba cuando está enfermo o herido. Los demás lo empujan hasta la superficie para ayudarle a respirar.

HOWARD HALL

3
Criar un Bebé

¡Gracias, mamá! Luego de beber la leche de la madre, el pequeño elefante africano acaricia la boca de ésta con su trompa. El bebé de 113 kilos ingiere muchos litros de leche al día. Antes de nacer, la madre lo llevó en su vientre cerca de dos años. Ahora lo alimentará hasta que tenga tres años. Al otro lado del mundo, en Alaska, un salmón deposita 8,000 huevos en el agua y los deja para que maduren solos. Sólo sobreviven unos cuantos. En cuanto al cuidado de las crías, el elefante y el salmón están en extremos opuestos. Lee en las páginas siguientes cómo crían a sus hijos otros animales.

STAN OSOLINSKI

La jirafa bebé (arriba) nace viajando. Su madre la trae al mundo de pie, de modo que su primer viaje es un salto de metro y medio al suelo. El bebé cae relajado e ileso. Media hora después se endereza sobre sus patas. A las diez horas corre detrás de su madre con el rebaño y se mueve con rapidez suficiente para huir del enemigo.

Lo que sigue a continuación ¿es cierto?: Los mamíferos dan a luz versiones vivas en miniatura de sí mismos. Los no mamíferos ponen huevos.

Ninguna de ambas afirmaciones es del todo cierta o falsa, porque la mayoría de los mamíferos dan a luz crías jóvenes, y la mayor parte de los no mamíferos ponen huevos. Pero algunos animales pertenecen a otras categorías y dan a luz de manera inusual.

Veamos los monotremas. Son mamíferos que ponen huevos. El ornitorrinco y el equidna u oso hormiguero de púas son monotremas. La hembra del ornitorrinco pone uno o dos huevos blandos en su madriguera y los enrolla con su cola para darles calor, hasta que maduran diez días después. Luego, alimenta a sus hijos con la leche de su cuerpo durante varios meses.

El equidna está cubierto de púas agudas. La hembra pone un único huevo en la bolsa de su vientre. Al nacer, la cría vive y se alimenta en la bolsa hasta que sus púas brotan, unas ocho semanas después. Para evitar una situación "espinosa" la madre lo coloca en un nido oculto, desde donde el pequeño *(Continúa en la página 46)*

Un descanso. Un canguro y su cría (el joey) hacen una pausa entre salto y salto (derecha). Los canguros son mamíferos llamados marsupiales. La madre lleva su cría en la bolsa de su vientre. Nacido ciego y sin pelo, el joey es del tamaño de un frijol. Al nacer, se arrastra dentro de la bolsa, se cuelga de un pezón y empieza a alimentarse. En la bolsa, permanece unos ocho meses.

El equidna (izquierda), que vive en Australia y Nueva Guinea, es un monotrema. Las hembras dan a luz poniendo huevos, que se incuban dentro de una bolsa en el vientre de la madre (abajo). La cría permanece en la bolsa hasta que brotan sus púas. Entonces sale.

DWIGHT R. KUHN

Este insecto llamado áfido (arriba) da a luz sin apareamiento. Hace copias de sí mismo. El proceso se inicia cuando hay abundancia de alimento entre primavera y otoño. Entonces, produce machos y hembras. Las crías se aparean y la hembra pone huevos, que se abren en primavera y el ciclo comienza de nuevo.

Esta cría de ofiuroideo, animal marino, sale del cuerpo de la madre (abajo). Hay muchas clases de ofiuroideos. Aquí, la madre transporta e incuba de uno a tres huevos en su interior. Más tarde, la cría se arrastra hacia afuera con sus tentáculos. Otras hembras se reproducen poniendo huevos que el macho fertiliza.

© ANTHONY BANNISTER

PAUL STERRY/NATURE PHOTOGRAPHERS LTD.

Con sus doce tentáculos enrollados como bolita, la cría (de color claro) de la anémona de mar flota fuera del cuerpo de la madre (arriba). Abrirá los tentáculos y quedará libre. Más tarde se adherirá a una roca convirtiéndose en adulto. La cría se desarrolló dentro de la madre. Otras clases de anémona se reproducen partiéndose en dos (tanto el macho como la hembra).

FRED BAVENDAM

Esta extraña "cría" es una nueva estrella de mar. "Nació" por regeneración. La estrella de mar adulta pierde uno de sus cinco brazos. Luego, el brazo poco a poco produce otros cuatro más pequeños. En un año, éstos serán tan largos como aquel del que provienen. El adulto que pierde el brazo lo reemplaza a la misma velocidad.

JAMES H. ROBINSON (TODAS)

(Continúa de la página 43) introduce su cabeza dentro de la bolsa materna para alimentarse. A los seis meses se vale por sí mismo.

Los insectos, por lo general, sólo ponen huevos. Una excepción es el pulgón chupador de plantas. Una generación de hembras se aparea y deposita huevos. La siguiente generación produce crías vivas sin apareamiento. El ciclo se realiza así: A fines del otoño, los pulgones se aparean y las hembras ponen huevos. En primavera, éstos sólo producen hembras. En verano, una hembra joven produce 200 hembras y, en el otoño, machos; todo ello, sin apareamiento. Al reproducirse así, la hembra utiliza la abundancia de alimento del verano.

Doble Obligación

Los animales marinos llamados corales se reproducen de dos maneras. En algunas especies, la hembra pone huevos y el macho los fertiliza. Los huevos se convierten en pequeñas criaturas que se adhieren a las rocas y llegan a adultos. En otras especies, cada adulto se divide en dos corales completos. Miles de millones de éstos forman enormes estructuras llamadas arrecifes.

En el caso de la estrella de mar, algunas especies se comportan de modo peculiar. La hembra siempre se reproduce poniendo huevos que el macho fertiliza. Pero las estrellas de mar se reproducen también de manera fascinante, cosa que intrigó a los pescadores durante años. Al pescarlas, éstos las arrojaban de nuevo al mar, partidas en trozos, por considerarlas nocivas, pues se alimentan de peces, reduciendo el suministro. *(Continúa en la página 50)*

❶ *Esta cigarra hembra pone un huevo en la grieta de una rama. Las cigarras son los "haraganes" del mundo de los insectos. Su ciclo vital comprende una "siesta" que puede durar 2, 5, 13 ó 17 años. Esta especie duerme 13 años. Su ciclo comienza en primavera.*

❷ *A las seis semanas, la cigarra o ninfa sale del huevo, excava su hogar en el suelo y vive chupando la savia de las raíces. Trece años después lo abandona y salta a un árbol (mostrado aquí).*

❸ *Este adulto ya formado sale de la cubierta de la ninfa a través de una abertura en la espalda. No se sabe por qué las cigarras salen en intervalos tan largos y variados. Se aparean, ponen huevos y mueren.*

En el agua, los diminutos caballitos de mar salen de la bolsa del cuerpo del padre (derecha). El macho se encuentra entre los pocos padres que se encargan de criar a sus pequeños. La hembra pone los huevos en la bolsa del macho. Éste los fertiliza y los lleva consigo. Siete días después las crías salen de la bolsa.

RUDIE H. KUITER / OXFORD SCIENTIFIC FILMS (DERECHA)

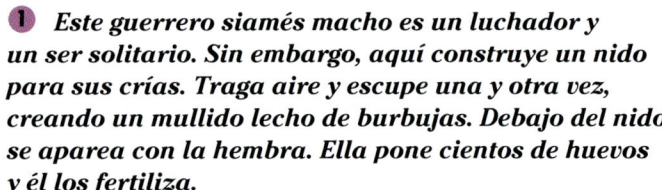

① Este guerrero siamés macho es un luchador y un ser solitario. Sin embargo, aquí construye un nido para sus crías. Traga aire y escupe una y otra vez, creando un mullido lecho de burbujas. Debajo del nido se aparea con la hembra. Ella pone cientos de huevos y él los fertiliza.

② El macho recoge los huevos en su boca y los escupe en el nido. Almacenados todos, se vuelve muy protector, expulsando del nido a la hembra.

③ Los huevos están a salvo en el nido de burbujas, vigilados por el padre. Continuamente lo repara, añadiéndole más burbujas. En una semana los huevos se abren y los bebés se amontonan en el nido. Si alguno se separa, el padre lo regresa suavemente en su boca. Pronto el nido desaparecerá y las crías se irán. El instinto protector del padre se irá también con ellos. Ya no se ocupará de ellos y puede que, incluso, se coma a alguno.

Curiosidades Animales

Cabeza abajo es la posición ideal del zorro volador recién nacido. Su madre lo mece en sus alas. Inmediatamente después del nacimiento, la cría se agarra al cuerpo de la madre con sus pies y dedos. Después, deslizándose por una de las alas de ella, llega hasta su pecho. Si el bebé fracasa y empieza a caer, la madre va en su ayuda y lo recoge con sus alas.

BARBARA L. GIBSON

DENNIS GREEN / SURVIVAL ANGLIA (ARRIBA Y ABAJO)
J. A. L. COOKE / OXFORD SCIENTIFIC FILMS (LA DE ARRIBA Y LA DE LA DERECHA)

(Continúa de la página 46) Así, llegaron a darse cuenta de que algunas especies se reproducían por regeneración. Incluso un solo brazo queda vivo. Lentamente, éste produce nuevos miembros que reemplazan a los perdidos. Al partir las estrellas de mar, ¡los pescadores regresaban miles de ellas al mar!

Los corales, los áfidos y las estrellas de mar no necesitan el cuidado amoroso de los padres. En cambio, en la mayoría de las demás especies la madre se hace cargo de la crianza. La madre canguro alimenta y protege al bebé en su bolsa durante ocho meses. Las madres elefantes se turnan en grupo para vigilar a sus crías. En otras especies, el trabajo es en equipo. Los padres del albatros incuban por turnos los huevos. Los padres castores vigilan ambos a su camada.

Adiós, Bebé

En algunas especies, parece ser el padre el que sabe más. Un ejemplo es el caballito de mar macho. La hembra pone en su vientre hasta 250 huevos de una sola vez y él los guarda hasta que se desarrollan. Después, por una abertura en su cuerpo deja que salgan al exterior, terminando así la obligación paterna y materna. Luego, ya no los alimentan ni los cuidan.

El cuclillo europeo tampoco se ocupa de sus crías. La hembra pone los huevos en el nido de otros pájaros, aprovechando su ausencia. En cada temporada, pone diez o más huevos en distintos nidos, buscando que éstos tengan huevos de color y tamaño parecidos a los suyos. Los dueños del nido no advierten la diferencia y los incuban junto con los propios.

La cría del cuclillo es un problema desde el principio. Cuando nace, empuja a los otros huevos y sus crías fuera del nido. Continuamente pide comida, agotando a sus padres adoptivos, y puede llegar a crecer al doble del tamaño de éstos. Cuando adulta, la hembra repetirá los hábitos de su madre. Aunque mala para los otros pájaros, esta forma de crianza es buena para el cuclillo. Sin el arduo trabajo de criar un hijo emigran libres y gozan de más tiempo de calor.

❶ Uno de los huevos es distinto a los demás. Pero el dueño del nido, un acentor común del tamaño de un gorrión no se ha percatado. Puso cuatro huevos y salió en busca de alimento. Mientras, llegó el cuclillo, se comió uno de los huevos y lo reemplazó por uno suyo.

❷ El pollo del cuclillo nace antes que los demás.

❸ Empuja fuera del nido a los huevos y a un pollo de acentor común. Ahora tendrá todo el cuidado de mamá.

❹ El cuclillo pronto supera al acentor en tamaño. Chilla continuamente por comida, agotando a su pequeña madre. Cerca, la madre del cuclillo puede estar descansando. Pone unos diez huevos al año. Pero engañando a otros pájaros, ella nunca mueve un ala por los suyos.

El pingüino real hace rodar el huevo hasta sus patas y lo coloca en un repliegue de su vientre. Durante 52 días los padres se turnan en la incubación. Incluso lo mecen mientras lo cargan. Cuando nace el polluelo, cuidan de él durante más de un año. La atención al bebé aumenta su probabilidad de supervivencia.

FRANCISCO ERIZE / BRUCE COLEMAN LTD.

4
Lo Elemental

¡ZÁS! La lengua del camaleón atrapa a un chapulín. Entre comidas, la lengua de 15 cm de largo se pliega fácilmente en su boca. Cuando acecha a la presa, la lengua se proyecta veloz hacia ella, atrapándola con su punta pegajosa. El camaleón desempeña en forma sorprendente alguna función básica (comer, beber, respirar). El flamenco traga con la cabeza boca abajo. Ciertos peces salen a tierra a respirar. Esto y más en las páginas que siguen.

FRANS LANTING

Cuando se trata del alimento, cada animal tiene su propio gusto. El gerenuk, por ejemplo, se alimenta de plantas, pero no de cualquier planta. Este antílope africano come los retoños y las hojas de los árboles. Sobre sus patas traseras, apoya las delanteras contra una rama, llegando a 1.80 m de alto. La jirafa, con su cuello largo, come a más altura (las hojas que están a más de 5 m del suelo). El dik-dik africano, otro antílope, come arbustos que crecen a ras del suelo. La gacela de Thompson come la hierba de las llanuras. Los herbívoros tienen la comida a su alcance; pero los carnívoros deben pelear más duramente por su alimento.

El leopardo es un carnívoro que se alimenta de su caza. Este potente gato africano usa su fuerza y su destreza. Aísla a un animal de la manada y se lanza sobre él. Dentro de una distancia increíble se impulsa y salta sobre la presa. Pero no debe descuidarse. Con las hienas y otras fieras hambrientas a su alrededor, tiene que ocultar su caza. Sube su presa a un árbol, come ahí y regresa varias veces hasta acabarla.

Otros cazadores tienen otros *(Continúa en la página 59)*

¡Otra vez sobras! El leopardo vigila desde el árbol donde ha colgado su presa (arriba). El poderoso felino puede llevar un animal muerto más pesado que él hasta las ramas más altas. Otros animales hambrientos querrán parte de la presa. Por ello, la oculta en la parte más alta del árbol.

El gerenuk (izquierda) se empina sobre sus patas traseras para mordisquear las hojas de una acacia. Puede permanecer en esta posición durante horas, girando alrededor del árbol para comer. Debido a su dieta, vive en zonas muy secas donde no crece la hierba.

Para el desayuno, a la serpiente comedora de huevos (abajo) le gusta el huevo crudo, con todo y cáscara. Éste es más grande que su cabeza. Pero las articulaciones de sus mandíbulas le permiten abrir la boca cuanto sea necesario, tragándose el huevo entero. A medida que lo engulle, sus músculos lo empujan contra la columna vertebral, rompiéndolo. Así, se traga el contenido del huevo, escupiendo luego la cáscara.

MICHAEL FOGDEN

(Continúa de la página 56) métodos para no compartir la presa: El lobo engulle 9 kg de carne de una vez, y el león 30 kg.

La lechuza no pierde el tiempo en picotear un esqueleto en busca de restos. Devora entera a la presa y regurgita los huesos y lo que no puede digerir.

La lechuza es cazadora nocturna. Con su aguda vista nocturna vuela en la oscuridad sorteando los obstáculos. Con su finísimo oído percibe el más ligero crujido de un ratón o un escarabajo. Entonces, se precipita con sus garras extendidas y arrebata la presa.

De Pesca

Comparado con el vuelo silencioso de la lechuza, la zambullida estrepitosa del pelícano pardo puede parecer desmañada. Sin embargo, es tan experto cazador como la lechuza. Ave marina, el pelícano pardo sigue al pez. Vuela sobre el agua, sin perder de vista a su presa. Cuando atisba un pez, repliega las alas y desciende veloz. Se zambulle, saca el pez con su pico y asciende. Arroja el agua del pico y se traga el pez.

Bajo el agua, un pez delgado y rayado también pesca, pero de un modo distinto. Detrás de las rocas, mueve su cuerpo arriba y abajo llamando la atención. Un pez grande se acerca con la boca abierta. De pronto, el pequeño se lanza dentro de la boca *(Continúa en la página 62)*

Cazador silencioso, la lechuza del este regresa a su nido con un gusano (izquierda). Su vista y oído le permiten detectar el ruido más ligero en el suelo. Entonces, arrebata silenciosamente la presa. Sus plumas de bordes suaves y floqueados amortiguan el ruido.

JOHN F. O'CONNOR: PHOTO / NATS

Esta fotografía de doble exposición de una lechuza de Norteamérica mirando de frente (abajo) muestra por qué no necesita ojos atrás de su cabeza para cazar. Su cabeza gira a 180° para ver detrás, y su fino oído le permite localizar la presa. Las plumas rígidas alrededor de su cara retienen el sonido canalizándolo al oído.

DWIGHT R. KUHN

JEFF FOOTT

Estos pelícanos pardos (arriba) extienden sus alas hacia atrás y se lanzan sobre los peces que han divisado desde arriba. Atrapan el pez en su pico junto con más de 10 litros de agua. Antes de comérselo, inclinan la cabeza, tirando el agua. Luego, levantan la cabeza hacia atrás y se tragan el pez...

FRITZ PÖLKING

...a menos que algún ladronzuelo (arriba) se lo lleve. La fragata (rabihorcado) consigue los peces arrebatándoselos a otros pájaros. Sus plumas no son totalmente impermeables; por eso, no puede zambullirse en el agua.

WILLIAM BOEHM/WEST STOCK

Este pescador de Alaska, el oso pardo (arriba) vadea hasta la orilla con su presa en la boca, un rollizo salmón. Lo capturó con sus garras y dientes afilados. El oso pardo come distintos alimentos, como nueces, bayas e insectos. Pero a finales del verano, el salmón es

su plato favorito. Miles de salmones nadan río arriba en las aguas de Alaska para poner sus huevos. Los osos se juntan, incluyendo las madres que enseñan a sus hijos a pescar en un buen remanso de pesca.

(Continúa de la página 59) del grande. Es un pez limpiador que va en busca de comida. Se come los parásitos de otros peces, y su color y movimientos anuncian que ofrece su servicio de limpieza. Muchos le permiten que los limpie y no lo dañan, pues es como un médico: conserva la salud en las comunidades.

¿Qué tienen en común las esponjas, los flamencos y algunas ballenas? Poseen sistemas integrales para procesar alimentos marinos. El cuerpo de la esponja está lleno de poros que filtran la comida. El flamenco posee un juego de laminillas filtrantes en su pico.

Herramientas de Trabajo

La ballena azul, el ser viviente más grande que se sabe haya existido, posee unas láminas parecidas a peines en su mandíbula superior, llamadas también ballenas. Otras clases de ballenas poseen dientes como clavijas para capturar a sus presas. Para comer, se mueve con la boca abierta entre los bancos de krill, crustáceos microscópicos. Luego, cierra la boca, expulsa el agua a través de las ballenas, y se traga el krill. Su estómago puede contener dos toneladas de alimento. En un día, ¡puede llenarlo con ocho toneladas de krill!

Para alimentarse, la ballena azul usa sus ballenas; el camaleón, su lengua; y el pelícano, la bolsa de su pico. Otros animales usan herramientas para recoger o comer su alimento. La nutria usa una piedra; coloca ésta sobre su vientre y golpea una almeja u otro marisco contra ella. La concha se abre y la nutria se come el interior de la concha.

El chimpancé usa una hoja *(Continúa en la página 66)*

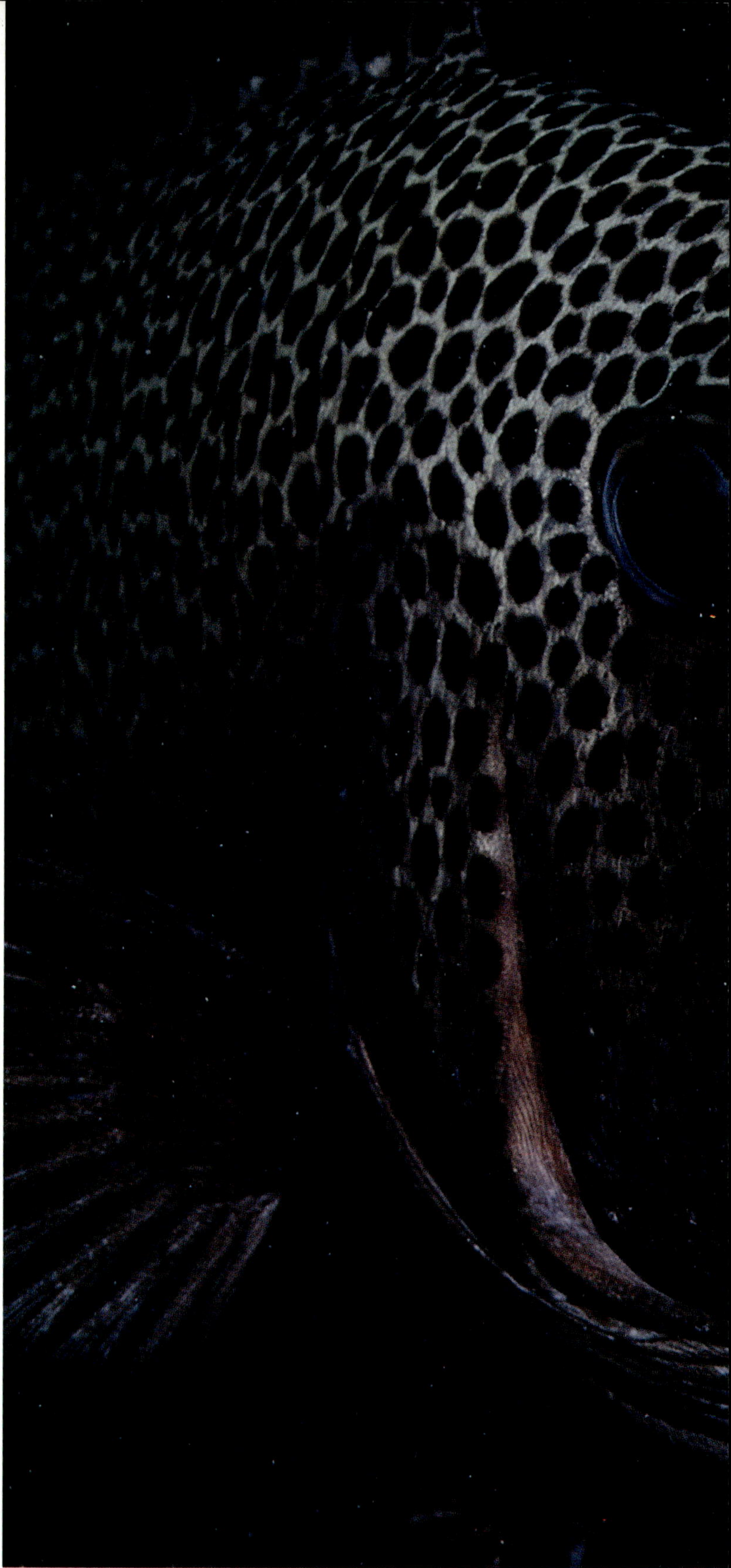

Dos estorninos rojos (izquierda), o pájaros de las garrapatas, se alimentan de éstas y otros parásitos de la piel de un rinoceronte. También le avisan a éste del riesgo de peligro emitiendo chillidos agudos. Limpiando al rinoceronte y ayudándolo a "ver" reciben un festín a cambio. Esta relación se llama simbiosis.

Lo que parece una "lengua" rayada en la boca del pez moteado (arriba) es un pez limpiador que vive de comerse los parásitos de otro pez mayor, limpiándolo. Es un pez benéfico para los demás. Incluso el pez depredador permite pacientemente la limpieza. Puede limpiar en un día a cientos de peces.

FRITZ PÖLKING

Vadeando sobre sus patas como zancos, el flamenco menor baja su pico para obtener su alimento de algas en un lago de África. El color del flamenco va desde el rosa pálido del ave que vemos aquí hasta el rosa oscuro del flamenco del Caribe. Su color depende de la especie y de la dieta. El pigmento del alimento del ave influye en su color.

Para comer, el flamenco mantiene la cabeza boca abajo en el agua (derecha) y usa la lengua para bombear el agua adentro y afuera. Las laminillas filtrantes del pico retienen el alimento; éstas son muy pequeñas en la especie que vemos aquí, en cuyo caso atrapan plantas microscópicas, como las algas. Otros, con laminillas más grandes capturan camarones y caracoles.

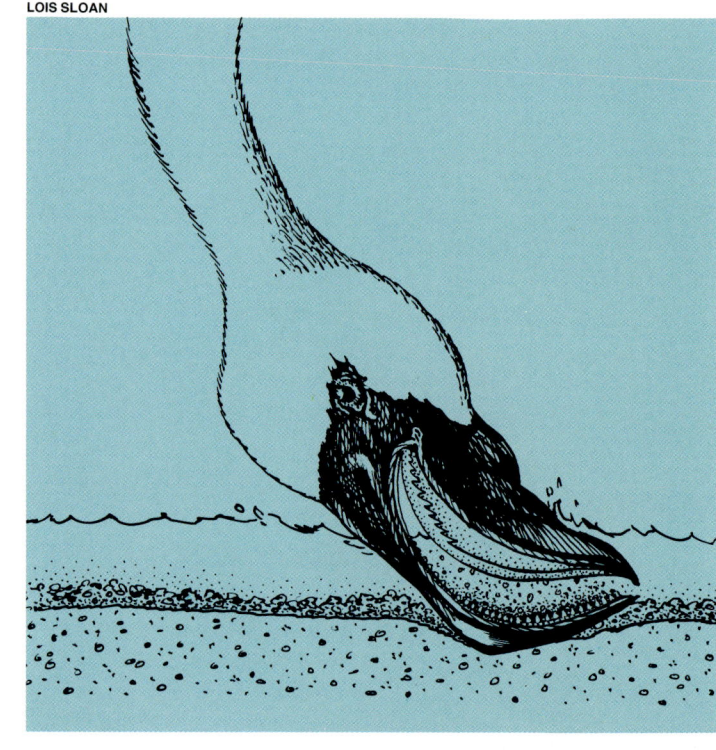

LOIS SLOAN

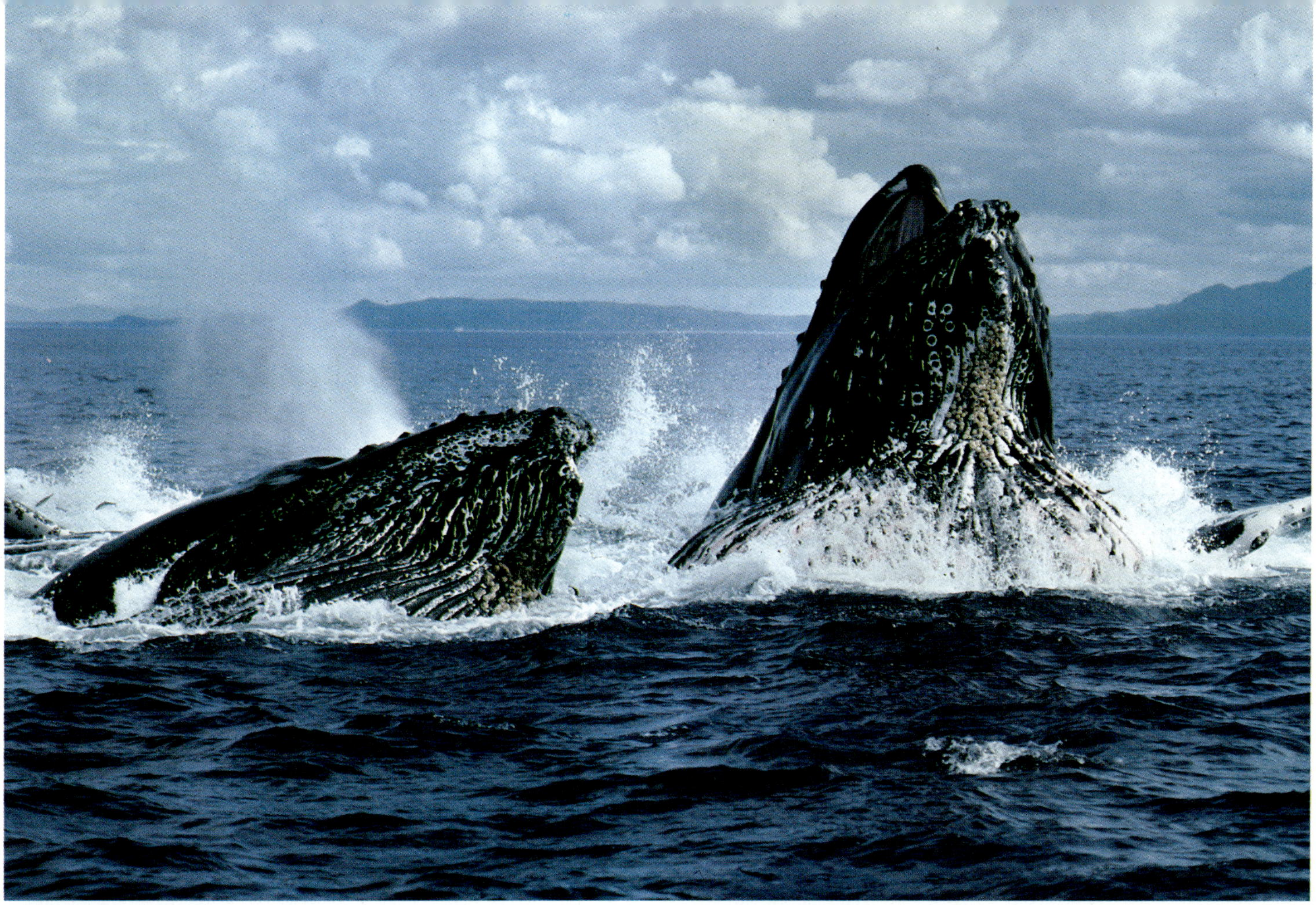

AL GIDDINGS/OCEAN IMAGES, INC.

Dos ballenas jorobadas salen a la superficie (arriba) tragando bocanadas de alimento. Estos enormes cetáceos comen lo mismo que los flamencos y de la misma manera. La ballena filtra animales microscópicos, el krill. Las laminillas como peines llamadas ballenas revisten su boca. El pez traga el agua y la impulsa hacia afuera, capturando el krill en su boca.

Las ballenas cuelgan de la mandíbula superior de este cetáceo (abajo), cuyas láminas están alineadas con las cerdas que filtran el alimento. Para comer, la ballena jorobada captura bancos de krill acorralándolos en redes de burbujas (derecha). Aquí, dos ballenas nadan en espiral hacia arriba. Mediante las burbujas lanzadas por la nariz atrapan el krill. Luego, nadan entre él con la boca abierta.

LOIS SLOAN (AMBAS)

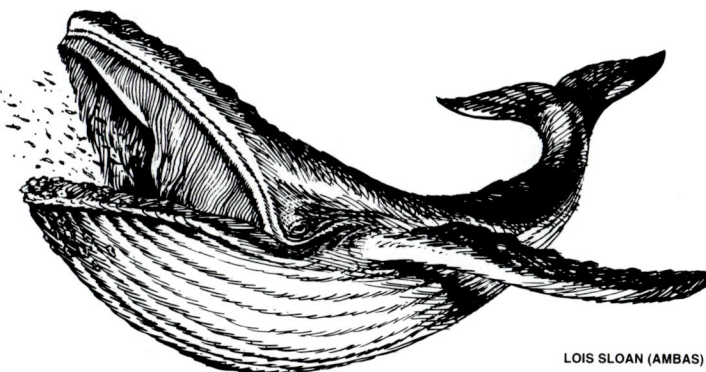

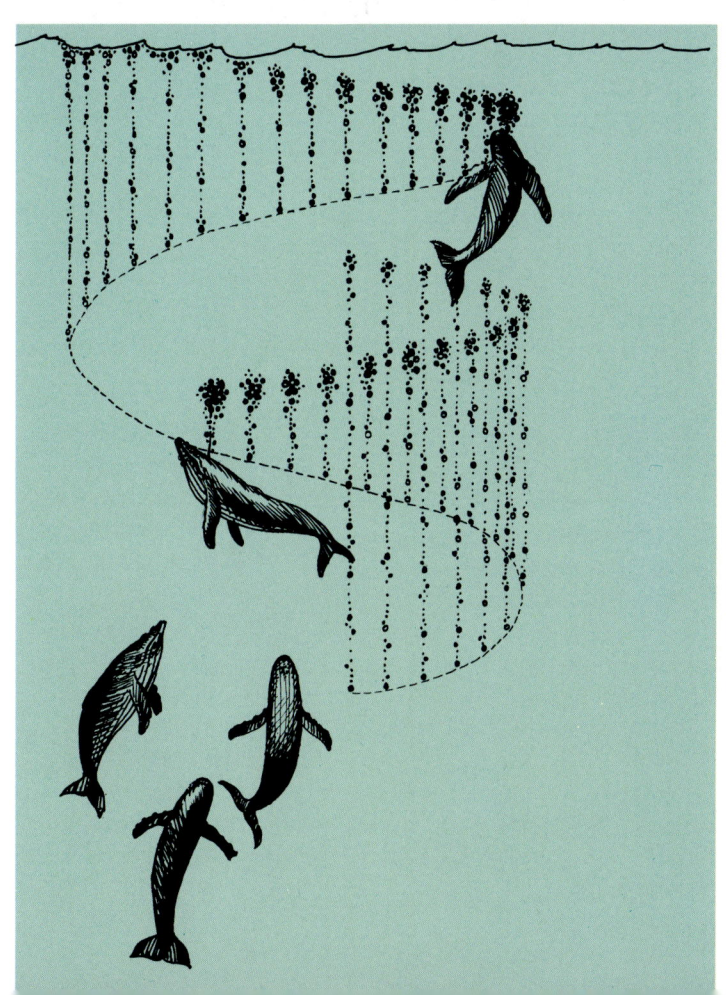

Curiosidades Animales

(*Continúa de la página 62*) dura de hierba para extraer las termitas de su nido y hurga en sus agujeros de entrada. Dentro, las termitas muerden la hierba tratando de defenderse, y el chimpancé saca la hierba comiéndose las termitas que quedan mordiendo la hierba.

Otros animales elaboran su comida. Las abejas fabrican la miel. En verano, se posan en las flores y chupan el néctar. En la colmena, vacían el néctar en la boca de otras abejas. Éstas lo hacen girar sobre su lengua, haciendo que el agua se evapore y lo almacenan en los panales, donde lentamente se espesa formándose la miel.

¡A Beber!

Comer es necesario para vivir. Contar con humedad también es necesario. El cuerpo de la mayoría de los animales contiene un 80% de agua y para conservar este porcentaje debe reponer el agua eliminada por el sudor, la orina y otras funciones corporales. En el desierto, los animales han desarrollado métodos asombrosos para sobrevivir. En el norte de África, las gotas de rocío se acumulan en la espalda de un escarabajo, resbalando hasta su boca. También los camellos son expertos acaparadores de agua. Beben 135 litros en 10 minutos y viven de ellos semanas. Su cuerpo está adaptado: sudan poco, su orina es concentrada, y sus excrementos *secos. (Continúa en la página 70)*

En las profundidades oscuras del mar, una luz débil se mueve. Un pez nada hacia ella. De pronto, GULP, y el pez desaparece entre las mandíbulas de un pejesapo (arriba). La espina que tiene el pejesapo en su cabeza remata en una glándula con bacterias. El oxígeno se combina con ciertas sustancias de las bacterias produciendo luz, y la luz atrae a la presa. En cuanto un pez se acerca, el pejesapo abre la boca y se lo traga.

¡CLAP! La nutria trata de abrir una almeja contra la piedra que ha colocado sobre su abdomen (derecha). Después de comerse la almeja, la nutria guarda la piedra en una bolsa de piel debajo de su pata delantera y se zambulle en busca de más comida. Es de los pocos animales que usan herramientas. Se ha visto a una nutria recoger 54 almejas en hora y media y arrojarlas 2,000 veces contra una piedra.

Este pájaro carpintero (izquierda) introduce con el pico su provisión para el invierno en la hendedura de su árbol de almacenamiento. Pica miles de agujeros en el árbol y deposita una bellota en cada uno. Almacena su comida en el mismo árbol un invierno tras otro.

JIM CLARE © PARTIDGE FILMS LTD / OXFORD SCIENTIFIC FILMS (IZQUIERDA)

DWIGHT R. KUHN

Este laborioso abejorro (arriba) chupa el néctar de una de las más de cien flores que visita en un día. Transporta el néctar a su colmena en el saco de miel que tiene en el cuerpo. El néctar de miles de flores producirá después una cucharadita de miel.

CAROL HUGHES/BRUCE COLEMAN LTD.

WARLENE WEISSER / ARDEA LONDON (ARRIBA)

El árbol del pájaro carpintero de las bellotas (arriba) parece un queso de gruyère. Un árbol puede llegar a tener hasta 50,000 agujeros perforados por estos pájaros. En otoño, trabajan juntos llenando los agujeros con bellotas y defendiendo las provisiones contra las ardillas. El alimento puede escasear en el invierno.

La hormiga cortahojas americana (arriba) lleva una hoja a su nido subterráneo. Dos hormigas más pequeñas caminan sobre ella, protegiendo a la trabajadora del ataque de otros insectos. En el nido, las hormigas mastican la hoja, la convierten en pasta y la extienden en un "jardín", donde crecerá un hongo que es el alimento de ellas.

(Continúa de la página 66) Incluso su aliento es seco. Las ventanas de su nariz eliminan la humedad al exhalar, añadiéndola al aire seco que el camello inspira.

Comer y beber son funciones esenciales para la vida; pero de nada sirven si el animal no puede respirar. La inhalación suministra el oxígeno vital para el animal. La exhalación elimina el dióxido de carbono y otros desechos. Los mamíferos, las aves y los reptiles respiran con pulmones. Los peces y demás seres acuáticos tienen branquias para extraer el oxígeno del agua. Pero cuando un mamífero vive en el agua y un pez se atreve a salir a tierra ocurren dos hechos asombrosos.

Respirar Profundo

La ballena de esperma es el buceador más profundo que se conoce. Puede descender a 1.6 km y permanecer ahí una hora. Primero efectúa muchas respiraciones. El oxígeno se combina con ciertas sustancias de su organismo, de modo que éste se consume lentamente. Al sumergirse, su ritmo cardíaco disminuye, así como el flujo sanguíneo a los músculos, lo cual hace que el oxígeno permanezca mucho tiempo.

El gobio, en cambio sale del agua a tierra en busca de alimento. Con sus poderosas aletas trepa a los bancos de lodo en busca de cangrejos. Cuando sale, empapa de agua sus branquias. En tierra, puede permanecer horas, pues las branquias húmedas le proporcionan oxígeno; así, puede pasearse por el lado seco del reino animal.

G.I. BERNARD/OXFORD SCIENTIFIC FILMS

¡SLUURP! Esta jirafa sedienta se toma un gran trago (arriba): el agua debe recorrer 1.83 m o más (la longitud de su cuello). La jirafa obtiene suficiente humedad de las hojas que come, pero cuando el agua está cerca, extiende sus patas delanteras, dobla las rodillas e inclina la cabeza. Unas válvulas en las venas del cuello disminuyen el flujo sanguíneo a la cabeza, de modo que cuando se endereza no siente el vértigo.

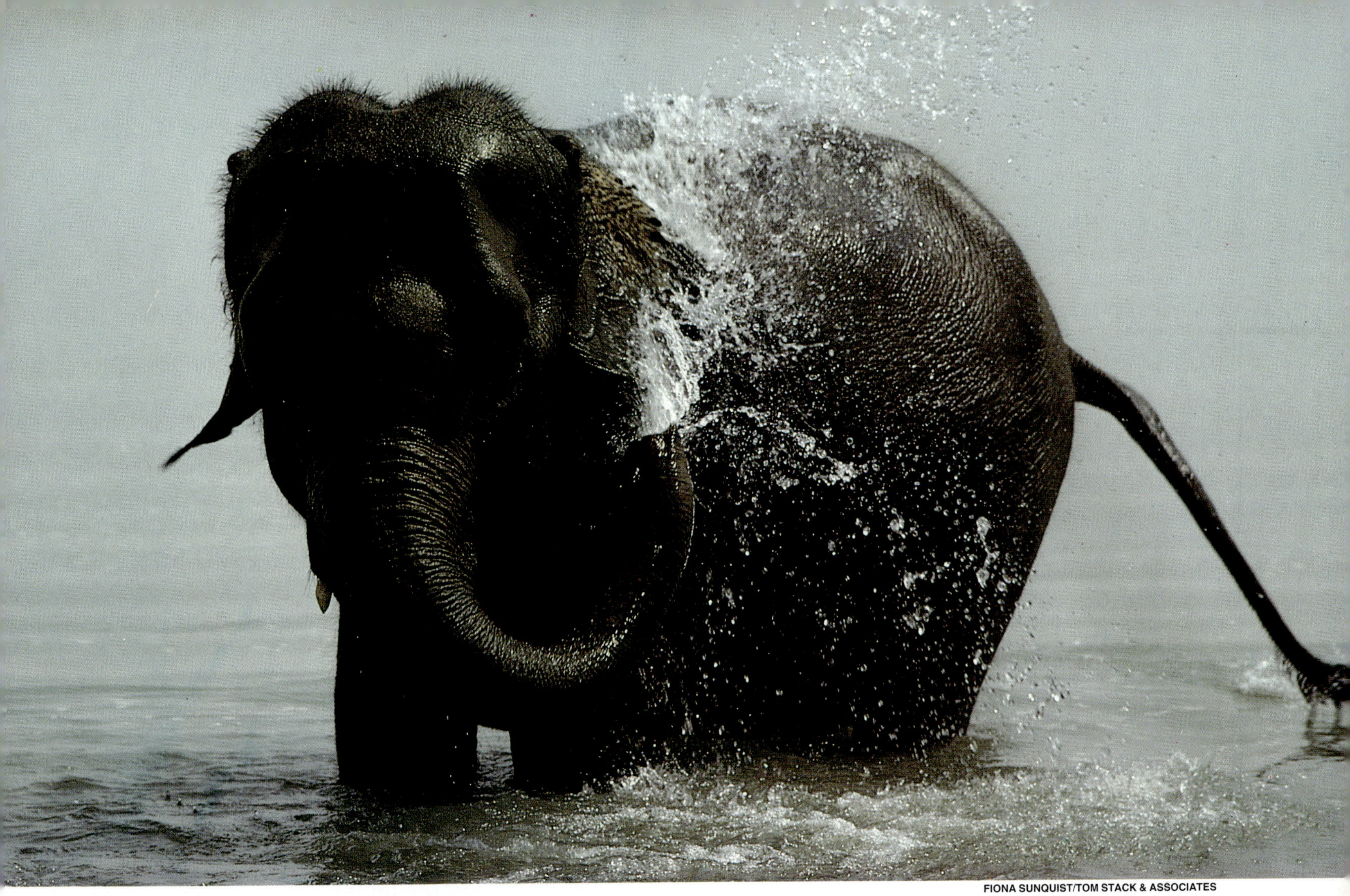

FIONA SUNQUIST/TOM STACK & ASSOCIATES

ANIMALS ANIMALS / MICKEY GIBSON (ABAJO)

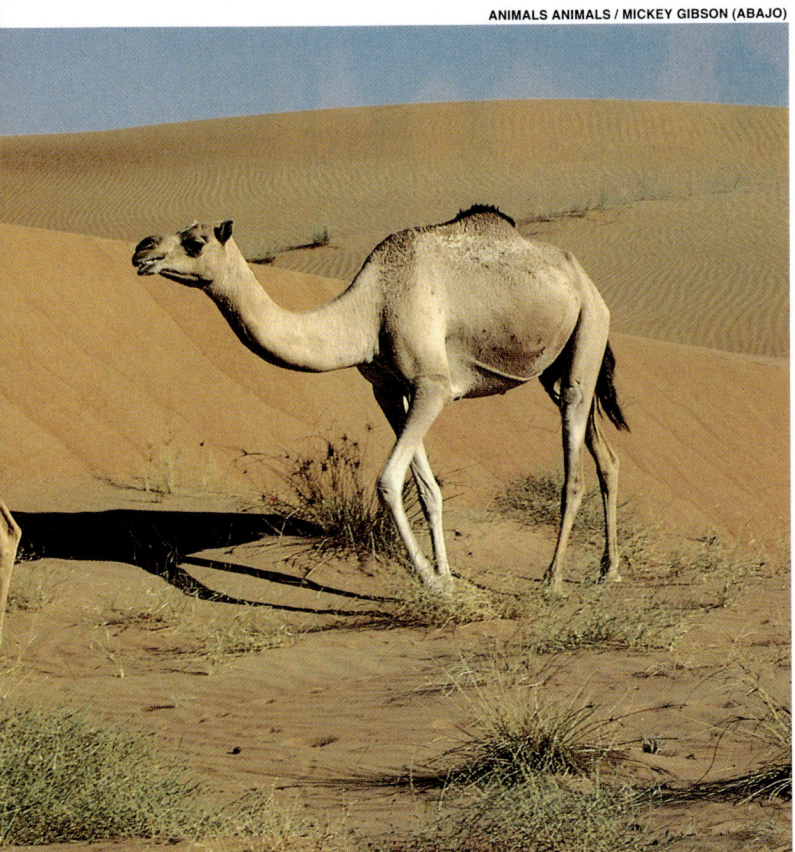

El elefante de arriba llena su trompa y ¡SPLASH! Es la hora del baño. Con la trompa bebe, come y respira. Para beber, succiona 4 litros de agua y luego la expulsa de su boca. Para comer, arranca con la punta de la trompa las hojas y las introduce en la boca. Además, respira a través de las ventanas de la trompa, que en realidad es una nariz y labio superior alargados.

Llamados barcos del desierto, los camellos (izquierda) cruzan la tierra seca. Sobreviven semanas sin beber. No almacenan el agua en su joroba, como era vieja creencia, sino que sus funciones corporales les permiten conservar el líquido. Exhalan aire seco, casi no sudan y sus excrementos son secos. Repostan con gran rapidez, bebiendo 136 litros de agua en 10 minutos.

FLIP NICKLIN/NICKLIN & ASSOCIATES

¡SUUSH! Cuando la ballena jorobada exhala, lanza el agua al aire (arriba). Como todos los mamíferos, tiene pulmones y respira aire. Dependiendo de la especie, posee uno o dos espiráculos para respirar. Después de varias respiraciones profundas, puede permanecer sumergida durante una hora.

RONALD TOMS/OXFORD SCIENTIFIC FILMS

Muchos animales almacenan el alimento. La araña de agua europea (arriba) almacena también aire. Sobre la planta subacuática, teje apretadamente su telaraña; luego, sale a la superficie, atrapa una burbuja de aire y la lleva a la tela. Cuando ésta está llena de aire, la usa como base de caza.

DIETER Y MARY PLAGE / BRUCE COLEMAN LTD.

Fuera del agua, el gobio (derecha) trepa por la rama con sus aletas como patas. Los peces separan el oxígeno del agua con las branquias; si éstas se secan, el pez se asfixia. El gobio, cuando sale, empapa de agua sus branquias; en tierra, éstas permanecen húmedas y el pez respira su oxígeno.

Bajo el agua, y desde su observatorio en la roca, la iguana marina busca el alimento. Únicos lagartos marinos existentes, las iguanas marinas viven casi todo el tiempo en tierra, pero se zambullen bajo el agua para alimentarse de algas. Pueden sumergirse a 13.5 m y permanecer bajo el agua durante una hora. Mientras contienen la respiración, su ritmo cardíaco disminuye. Esto les ahorra oxígeno.

HOWARD HALL

5
¡En Guardia!

C-U-I-D-A-D-O... nos dicen las púas largas y finas del pez león. Esta criatura de rayas delicadas que nada sobre el arrecife de coral siempre está en guardia. Si un pez o un buceador se le acerca, recibirá el piquete envenenado de sus púas.

En lo tocante a armas de defensa integradas, pocos animales están tan bien equipados como éste. Pero casi todos tienen al menos una forma de autodefensa contra el enemigo. Dependiendo del animal y del tipo de arma existen muchas tácticas: huir, esconderse, asustar, distraer, atacar. Las páginas que siguen muestran estas y otras formas de defenderse.

JEFFREY L. ROTMAN

Para sobrevivir, los animales tienen que comer. Y tienen que evitar ser comidos, lo cual no es fácil. En el agua, el pez grande se come al chico; en tierra, el león caza a la gacela; en el aire, los insectos son arrebatados por murciélagos y pájaros. Y la lista sigue.

Para defenderse, los animales emplean diversas tácticas, según sea su estructura corporal y lo que han aprendido. El pez león enfrenta al enemigo utilizando veneno. Otros se esconden camuflados en el entorno; otros más se escabullen sin dejar rastro. La forma de defensa se aprende de los padres o es instintiva. La más común es la instintiva: correr a toda velocidad. Los animales con mecanismos complejos de defensa primero corren, y usan los otros métodos cuando se ven acorralados.

Muchos evaden a los depredadores trabajando en equipo. En el grupo en que viven, todos colaboran en su defensa. El buey almizclero, por ejemplo, vive en manada. Cuando se ven amenazados por los lobos, forman una barrera protectora en torno a sus hijos. Erguidos, apuntan con sus cuernos contra el enemigo. Si éste se acerca demasiado, aquéllos inician la carga. Los perros de la pra-

Trabajo en equipo. Dos mangostas amarillas (izquierda) escudriñan el cielo en defensa contra algún halcón hambriento. Viven en las zonas desérticas del sur de África y forman familias con lazos estrechos, compartiendo el alimento y el cuidado de las crías. Mientras unos comen insectos o lagartos, otros vigilan. Si se avecina un peligro, los guardianes lanzan chillidos y el grupo se esconde en la madriguera.

¡En círculo! Los bueyes almizcleros de Alaska forman un círculo alrededor de sus terneros (derecha), defendiéndolos de enemigos como los lobos. Sus cuernos curvos y afilados forman una barrera que impide entrar al agresor. Si el enemigo persiste, arremeten contra él.

ART WOLFE

Con su cola en alto, este venado de cola blanca (arriba) huye por la ladera. Al levantar su cola mostrando el blanco de su parte inferior, alerta a los demás venados del peligro. Todos huyen alcanzando a veces los 48 km por hora. Cuando se ponen a salvo, posiblemente en un denso bosquecillo, vigilan sin hacer ruido a su enemigo. El color marrón de su pelo se funde con los colores del bosque, quedando ellos ocultos.

dera, roedores de América del Norte también cooperan en grupo. Si, al salir de su madriguera, uno de ellos avista a un coyote u otro enemigo, lanza un chillido estridente y los demás se meten bajo tierra.

Manadas de mandriles viven en las llanuras del África oriental moviéndose lentamente entre la vegetación y alimentándose de ésta. Si uno de ellos divisa un leopardo o un león al acecho, chilla ruidosamente y todos huyen. A veces, sin embargo, los monos son acorralados. Entonces, los machos cargan contra el enemigo, vociferando con furia. El depredador suele alejarse. Pero si insiste, los mandriles lo rodean y lo atacan. En grupo, alejan al enemigo o, incluso, lo matan.

Pequeños Trucos

Las tácticas defensivas de los bueyes almizcleros y los mandriles demuestran que pueden salvarse cuando son muchos. Pero el frailecillo norteamericano, un pájaro del tamaño de una paloma, utiliza otra táctica. Así, defiende a sus polluelos engañando al enemigo.

Los frailecillos construyen sus nidos en el suelo. Juntos, el macho y la hembra empollan los huevos. Si un depredador aparece, uno de ellos salta fuera del nido, abriendo sólo un ala, como si la otra estuviera rota. El depredador lo persigue. El frailecillo sigue agitándose por el suelo, sin perder

¡Estoy herido!, parece decir el frailecillo (arriba) mientras da bandazos por el suelo. Arrastra una de las alas, como si estuviera rota. El truco del ala rota distrae al coyote y lo aleja del nido en el suelo. El coyote persigue al ave, que parece presa fácil. Cuando ésta ha alejado al enemigo, regresa rápidamente al nido para cuidarlo.

El anolis, una clase de lagarto, suele salvarse "por un pelo". Si un enemigo le muerde la cola, ésta se rompe fácilmente. Los músculos se comprimen alrededor de la herida e impiden el sangrado. La cola separada sigue moviéndose, distrayendo al depredador (abajo), mientras el lagarto escapa. La cola crece de nuevo (derecha).

JAMES H. ROBINSON

LOIS SLOAN (ARRIBA Y ABAJO)

81

El clamidosaurio (izquierda) se queda inmóvil, camuflado con la rama. Si un enemigo lo divisa y se acerca demasiado, silba ruidosamente y se infla de aire. Abrirá un collar, o repliegue, alrededor de su cuello...

...como vemos aquí abajo. La transformación hace que el lagarto parezca más grande de lo que es (demasiado grande para ser comido) y asusta al depredador. Si su aspecto no disuade al enemigo (un perro o una serpiente), el lagarto emprenderá veloz huida.

de vista al enemigo. Cuando el ave ha llevado a éste a una distancia segura lejos del nido, levanta el vuelo y vuelve a casa.

Otros alejan al enemigo engañándolo con un disfraz instantáneo. Un ejemplo: Un perro acorrala a un gato. Silbando y gruñendo, el gato arquea el lomo y eriza el pelo. El perro se agazapa y se arrastra alejándose. El ruido y el cambio súbito de aspecto han hecho más grande al gato de lo que es en realidad, obligando al enemigo a retirarse. Muchos animales usan tácticas similares.

El clamidosaurio australiano infla de aire su cuerpo y abre de golpe un colorido y ancho cuello de piel alrededor de su cabeza. Abre completamente la boca y silba.

El pez erizo, cuando se le acerca un enemigo, traga agua, aumentando al triple su tamaño normal. Cuando está hinchado, las agudas púas antes abatidas sobre su cuerpo se enderezan. Se vuelve tan espinoso como un erizo. Los enemigos no quieren entonces comerlo.

La transformación súbita de un animal no siempre asusta al depredador. Pero puede *(Continúa en la página 85)*

Alimentándose de las pequeñas criaturas del arrecife, el pez erizo parece inofensivo (izquierda). De unos 35 cm de largo es un pez pequeño, pero posee el sistema de defensa de un gigante. Observándolo de cerca, veremos sus púas, que causan heridas profundas.

Si el pez erizo detecta la presencia de un enemigo, rápidamente traga agua hasta inflarse como balón, cubierto de púas (abajo). Así, pocos enemigos intentan darse un festín. Sin embargo, algunos lo intentan y parecen lograrlo: se han encontrado restos de pez erizo en el estómago de las barracudas y tiburones.

HOWARD HALL (ARRIBA Y DERECHA)

(Continúa de la página 82) distraerlo mientras escapa. La simulación del clamidosaurio, por ejemplo, puede no ser suficiente. Si el enemigo le planta cara, el lagarto retrocede y echa a correr velozmente.

Estar a salvo suele significar estar fuera de la vista. Animales como los topos y las ardillas listadas excavan madrigueras profundas bajo tierra, donde quedan a salvo de las mandíbulas y garras de los depredadores. La oruga de la mariposa saltarina fabrica una cubierta que la oculta. Envuelve su cuerpo en una hoja, uniendo los bordes con hilos de seda tejidos por ella. Entre las demás hojas, la cubierta se camufla. Dentro, la oruga queda a salvo de los pájaros.

Los Intocables

Otros animales poseen una estructura que les ayuda a no ser vistos. La tortuga oculta bajo su concha protectora las patas y la cabeza. La concha, de sustancia ósea fuerte, es tan dura que casi ningún animal puede morderla. La espalda y cola de la lagartija armadillo están protegidas con placas escamosas. Cuando un enemigo se lanza contra su vientre blando, el armadillo se enrolla metiendo su cola entre sus mandíbulas. Así, se convierte en un anillo escamoso, y la espalda protege su vientre.

Algunos animales se defienden anunciando a otros que son venenosos si se comen. Su cuerpo lleno de colorido, el olor fétido que emanan, o ambas cosas advierten del veneno de su cuerpo.

El sapo vientre de fuego, del sudeste asiático, posee un veneno mortal en la piel. Advierte al enemigo mostrando el vivo colorido de su abdomen. Cuando el enemigo se acerca, el sapo arquea su espalda y levanta sus patas, mostrando el vientre. Una simple mirada es suficiente a veces para que el enemigo busque su comida en otra parte.

Los animales que se alimentan de mariposas no buscan a las monarcas, pues éstas se alimentan de algodoncillo y absorben el veneno de la planta. Agitando sus coloridas alas advierten al enemigo que se aleje. *(Continúa en la página 89)*

La casa abierta de una oruga saltarina (arriba). El fotógrafo descubrió con cuidado el nido para mostrar dentro al animal. La oruga se oculta en él de las aves. Dobla un trozo de hoja sobre los hilos de seda que segrega su cuerpo.

La casa terminada (arriba) semeja un saco de dormir. Dentro, la oruga saltarina queda a cubierto durante tres meses. Para alimentarse se come la hoja de su casa. No perfora agujeros grandes, ya que podría caerse. Mastica la hoja de modo que ésta queda como un encaje.

La mantis religiosa (izquierda) se alza sobre sus patas traseras y despliega las alas. Con la vaina llena con sus huevos, muestra ante el enemigo (casi siempre pájaros y monos) su aspecto amenazador. Las manchas oscuras en la parte superior del cuerpo semejan ojos y confunden todavía más al atacante.

EDWARD S. ROSS (TODAS)

ANTHONY BANNISTER/ NHPA

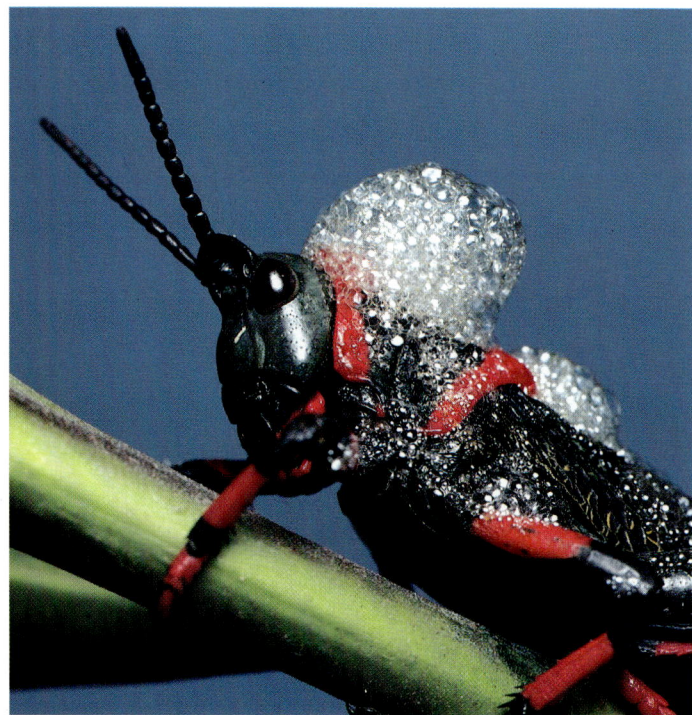

¡No me toquen! Cuando es atacado, este chapulín despide una espuma de olor fétido. Ésta y los brillantes colores del insecto ahuyentan a enemigos como los pájaros. Como se alimenta de plantas venenosas como el algodoncillo, su cuerpo absorbe el veneno. Los depredadores que se lo coman, sufrirán graves consecuencias.

La oruga de la mariposa cola de golondrina emite un olor fétido (abajo). Si se le acerca una avispa o una mosca, aquélla levanta su cabeza, de donde saca una glándula en forma de Y, de color rosa. La glándula segrega un olor desagradable que ahuyenta a los depredadores.

DENSEY CLYNE/MANTIS WILDLIFE

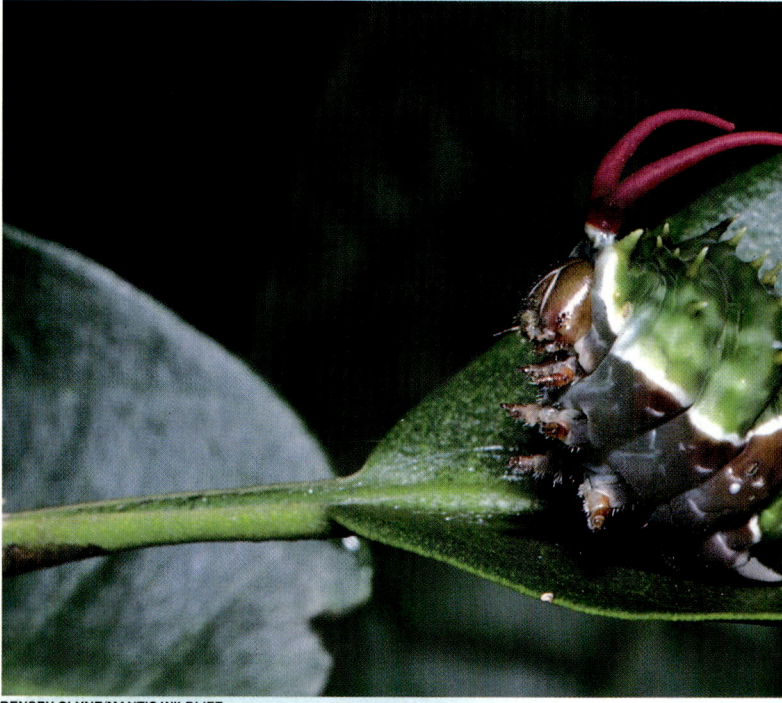

Curiosidades Animales

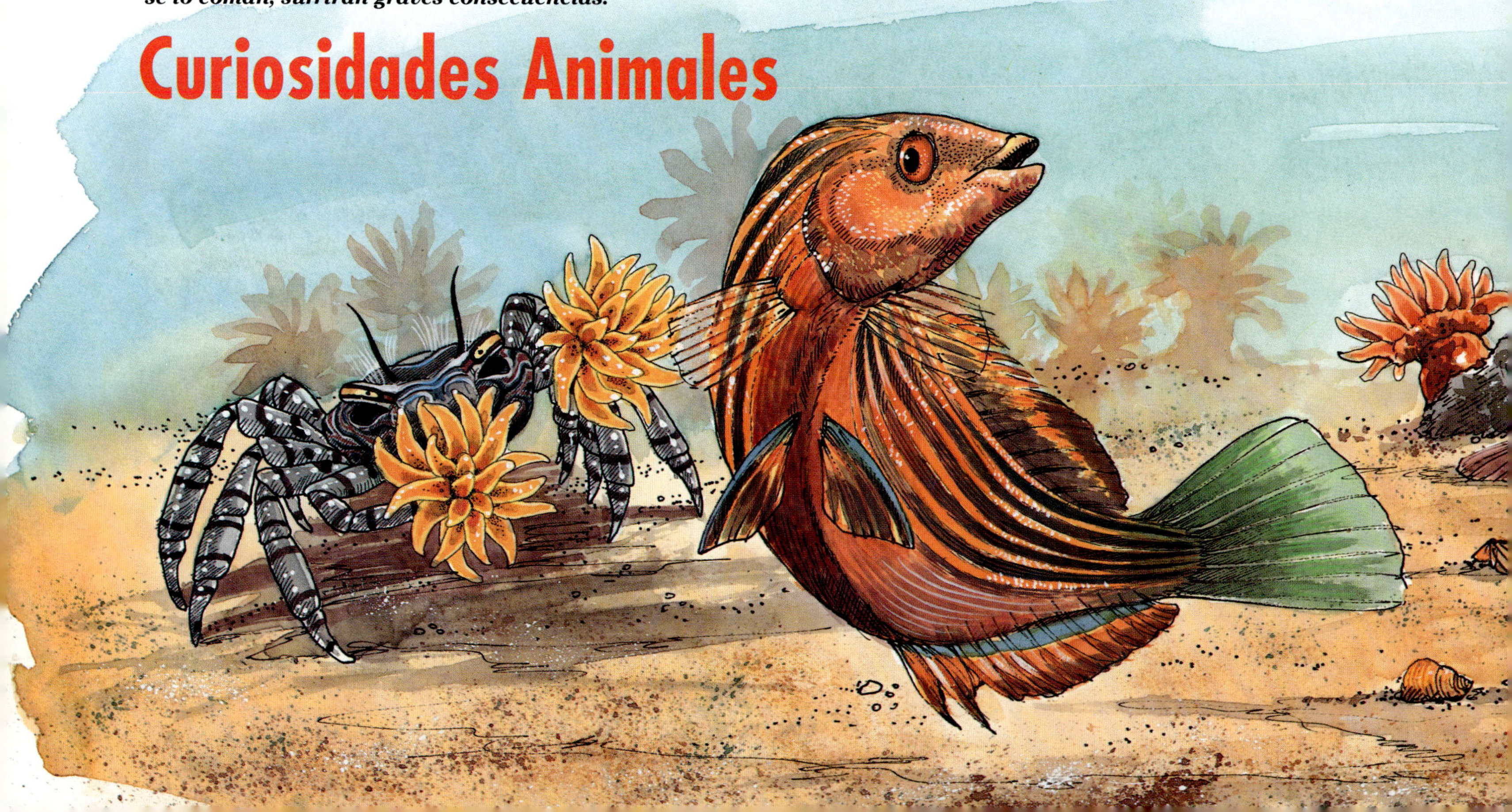

¡Un paso más y disparo! Sacudiendo sus pies y levantando la cola el zorrillo (derecha) advierte a un intruso que no se acerque. Si éste ignora las señales, ¡ZÁS!, el zorrillo dispara un líquido maloliente e irritante desde las glándulas debajo de su cola. El líquido ciega al intruso y su olor persiste varios días.

¡Adelante, muchachos! Agitando una borla en cada tenaza, este cangrejo (abajo) parece un "porrista" subacuático. ¡Pero los enemigos no piensan igual! Las borlas son en realidad anémonas de mar con aguijones venenosos. Cuando se ve amenazado por un pez, este cangrejo del tamaño de una moneda agita las anémonas contra el atacante. Su aguijón desalienta a los peces grandes y puede matar a los pequeños.

BARBARA L. GIBSON

BOB Y CLARA CALHOUN / BRUCE COLEMAN, INC.

(Continúa de la página 85) Cuando el zorrillo patea y levanta su cola, el enemigo se llevará una desagradable sorpresa. Las glándulas debajo de su cola lanzan un líquido urente y fétido que ciega temporalmente al intruso y permanece en su piel durante días.

La defensa no siempre consiste en actuar. Permanecer inmóvil puede ser bastante para desalentar al depredador. Imagina esta situación: En la selva tropical, un pajarillo salta de hoja en hoja, buscando comida. Pasa de largo ante una hoja empapada de excremento de otro pájaro. Todo está en calma. De pronto, ¡el excremento se mueve!..., luego se aleja sobre ocho patas delgadas.

El "excremento" era una araña de bola. Para evadir al enemigo, se extiende sobre la hoja, abrazándola con sus patas, y el depredador pasa de largo. Es uno de los animalillos que pueden ocultarse porque se parecen a partes de su entorno. La mantis, un insecto, se posa sobre la orquídea y parece uno de sus pétalos. La chinche de los espinos, con su cuerpo parecido a este arbusto, parece crecer de la rama sobre la que se posa. El chapulín agazapado en tierra pare-

El sapo vientre de fuego (izquierda), colorido y mortífero, descansa sobre un tronco. La coloración de su vientre avisa a las serpientes y pájaros que la piel del sapo es venenosa. Cuando se ve amenazado, exhibe su panza roja arqueando la espalda y levantando las patas.
MICHAEL FOGDEN (IZQUIERDA)

CAROL HUGHES (ARRIBA)

Para un animal hambriento, dos chícharos en la vaina serían de mejor sabor que estas ranas arborícolas venenosas de Sudamérica posadas sobre un champiñón (arriba). Como en el sapo vientre de fuego, su piel segrega un fuerte veneno. Los indios de la región aplican el veneno a las puntas de sus flechas.

RALPH Y DAPHNE KELLER / AUSTRALASIAN NATURE TRANSPARENCIES

No es fácil distinguir al chotacabras coliancho y a su cría del tronco del árbol. Del color de la corteza de los árboles, este pájaro australiano permanece oculto de los halcones durante el día porque su color se confunde con el del tronco del árbol sobre el que se posa. De noche, come los insectos del suelo.

¿Cuál es la espina? La chinche de los espinos (derecha) se posa cerca de la espina de una rama. Recibe su nombre por la parte puntiaguda sobre su cuerpo que la protege del enemigo. Aunque un pájaro la distinga de la espina, evitará comérsela, sin duda.

JAMES L. CASTNER

ce una hoja de hierba seca. En el entorno, todos quedan camuflados.

La araña africana usa otra asombrosa táctica de defensa. Con la seda de su cuerpo, teje falsas arañas en su tela. Luego, espera en el centro de ésta. Los pájaros pican las falsas arañas, tomando un bocado de tela y no de jugosa araña.

Estar en guardia significa estar vivo y es tan esencial para la vida como lo es moverse, comunicarse, criar a los hijos y alimentarse. Para todo ello, cada animal tiene sus propios métodos, los cuales podemos observar en todas partes: En un barrio tranquilo, una ardilla camina en la cuerda floja, el cable del teléfono, cientos de metros sin resbalar. En un parque citadino, la paloma macho corteja a la hembra con un ritual de inclinaciones de cabeza y alimentándola con semillas. En el acuario casero, el guerrero siamés construye un nido de burbujas para sus crías. En la calle cercana, un gato caza a un ratón. En cualquier parte, cada segundo, los animales hacen cosas ¡asombrosas!

ANIMALS ANIMALS/JOHN GERLACH

La araña cangrejo (arriba) tiene un guardarropa variado. Si se posa sobre una flor blanca, lentamente se vuelve de color blanco; si sobre una flor amarilla, se vuelve amarilla. Su nombre se debe a la forma en que se mueve, pues avanza de lado, como los cangrejos.

STEPHEN J. KRASEMANN/DRK PHOTO

¿Es una oruga o una serpiente? Esta oruga de la esfinge (arriba) se disfraza de serpiente si se ve atacada. Infla la cabeza y parte de su cuerpo, dándoles forma de serpiente. Los falsos ojos sobresalen. El engaño asusta al enemigo.

Aquí, la araña cangrejo combina perfectamente con la flor amarilla (abajo). Su habilidad para fundirse con el entorno le permite evadir a los pájaros. Cuando tiene hambre, se oculta debajo de un pétalo. Ahí puede emboscar a los insectos que se posen en la flor.

ANIMALS ANIMALS/GEORGE K. BRYCE

Tres anolis que comparten una rama muestran la gama de coloración de los lagartos, desde el verde al marrón. Adoptan tonos distintos según la temperatura, la luz y la tensión a que estén sometidos, como la amenaza de un enemigo. En el frío, en la oscuridad o cuando están asustados, su color es marrón. En el calor, a la luz del día, o sintiéndose a salvo, su color es verde. Los colores les permiten mezclarse con el entorno y ocultarse de los pájaros o las serpientes.
JAMES H. ROBINSON

ÍNDICE

El tipo en **negritas** se refiere a las ilustraciones; el tipo normal, al texto.

- A -

Abejas 66; danza **26**
Abejorro **69;** fabricación de miel 69
Acentor común **50-51**
Áfido: reproducción **44,** 50
Albatros 32, 50; de Laisan **31**
Alcatraz de patas azules: cortejo 32
Alimentos y modos de hallarlos 7, 46, 70, 71, 73, 74, 78, **85,** 91; acorralamiento **65;** almacenamiento 66, **68, 69;** caza nocturna **58-59,** disparo de la lengua **54-55;** fabricación de miel 26, 66, **69;** filtrado 62, **64-65;** jardín de hongos 69; pesca 59, **60-61;** robo 56, **60,** 69; señuelo **66;** tragado de huevos **57;** uso de herramientas 62, 66, **67;** *véase también* Carnívoros; Herbívoros
Anémonas de mar **44-45, 86-87**
Animales de gran velocidad 7, **7,** 10, 17, 18
Animales del desierto 66, 70, **70-71,** 71, 78
Animales sociales 24, **24-26,** 26, 78, **78, 79,** 80
Animales venenosos **76-77,** 78; colores brillantes 85, **86, 88-89**
Anolis **81, 92-93**
Araña de agua europea **73**
Arañas 91; cangrejo **91;** de agua europeas **73;** de bola 89
Ardilla 35
Ardilla voladora 4, 14, **14,** 17
Ardillas listadas 85; velocidad 10
Atún: velocidad 18
Ave fusil de Victoria **34**

- B -

Barrilete: cortejo 30

Bolsas, garganta y pecho 30, **30,** 32, 35, **36, 37**
Bueyes almizcleros de Alaska 78, **79**

- C -

Caballitos de mar **47,** 50
Camaleón **54-55,** 62
Camellos 66, 70, **70-71**
Camuflaje **12,** 78, 79, **82,** 85, **85,** 89, **90-93, 91**
Cangrejo: aguijones de anémonas de mar **86-87**
Canguros **10,** 13, **43,** 50; rojo **10**
Carnívoros 56, **56-57,** 59, **60-61**
Castores 50; señal de advertencia 36
Cigarras: ciclo vital **46**
Cisne trompetero 36
Cizaña: veneno 85, 86
Clamidosaurio australiano **82;** despliegue de amenazas 82, **82-83,** 85
Colibrí 17, **17,** 18
Conejos: señal de alerta 36
Corales: reproducción 46
Cortejo: rituales 30, **31,** 32
Cuclillo europeo 50, **50-51**
Cuidado de las crías **84;** aves 50, **50-53, 80-81, 90;** en bolsas 43, **43,** 46, **47,** 50; mamíferos **12, 37, 40-43,** 43, 46, **49,** 50, 61, 78, **79;** peces 40, **47, 48,** 50, 91

- CH -

Chapulín **55, 86,** 91
Chimpancé: expresiones faciales **25;** uso de herramientas 66
Chinche de los espinos 89, **90**
Chotacabras coliancho **90**

- D -

Delfines moteados del Atlántico **38-39**
Despliegue de amenazas **22-23, 25, 28-29,** 30, 82, **82-84,** 85, **86-87,** 89, 91
Dik-Dik 56

- E -

Ecolocalización 4, 16, 38

Elefantes 10, 26, 50, **71;** africanos **40-41;** trompa **71**
Elevación del pico hacia el cielo **31,** 32
Equidna 43, **43,** 46
Escarabajos 66; de resorte **11**
Escaramujo 7
Esponja 62
Estorninos rojos **62**
Estrella de mar: regeneración **45,** 46, 50

- F -

Feromonas 32, 35
Flamenco 54, 62, **64;** menor 64
Frailecillo 80, **80-81**

- G -

Gacela de Thomson 56
Gacelas **28-29**
Gallos de salvia 37
Gato doméstico 82, 91
Geco 4, **12;** dedos **12**
Gerenuk 56, **56**
Gobio 70, **73**
Golondrinas marinas del Caspio: cortejo **31**
Guepardo *cubierta*, 2, 7, **7,** 10, 32; guepardo rey 33
Guerrero siamés **48,** 91

- H -

Habitantes de los árboles **12-15,** 13-14
Herbívoros 56, **56**
Hipopótamos **22-23,** 30, 32
Hormigas cortahojas 69

- I -

Iguana marina **74-75**
Impala **4-5**

- J -

Jirafas 26, **27,** 30, **42,** 56, 70

- L -

Lagartija armadillo **1,** 2, 85
Lechuzas 59; del este **58-59;** de Norteamérica **59**
Leones marinos 32, 35
Lobos 24, **24,** 26, 59, 78

Locomoción 70, 73; colgarse 4, 12, **14;** mecimiento **13;** nado **18, 18-21,** 73, propulsión a chorro 18, **18;** papel de la cola 7, 13, **13,** 18; salto **4-5,** 7, **10-11,** 13, **15, 78-79;** vuelo **14,** pájaros 17, 17, 18, 36, **58-59, 60,** insectos **2-3,** mamíferos **16-17;** vuelo planeado 4, 14, **14,** 17; *véase también* Animales de gran velocidad; Migraciones

Luciérnagas: señales de apareamiento 30

- M -

Mandriles **25,** 26, 80
Mangostas amarillas: vigías **78**
Mantarraya: locomoción **19**
Mantis: camuflaje 89
Mantis religiosa: despliegue de amenazas **84**
Mariposas monarca 13, 85
Medios de comunicación animal 24, 35; danza 26, 31; olor, 24, 26, 28, 32, 33, 35; regalos **31,** 32, 91; sonido 26, 32, 35-38, 62, 78, 80, amplificadores 35, **35-37;** tacto 24, **24, 25,** 26, **27-29,** 32; vista **23, 25,** 26, 30, 32, **34, 78-81,** 80, **87**
Mensajes animales 24; de advertencia 24, 35,36, 38, 78, 79, 80, **87;** de apareamiento 26, **30, 31, 31,** 32, 35, 36, **37,** 91; de dominio 24, 26, 30, 36; de hallazgo de comida 26, 38; de pertenencia al grupo 24, 25, 26; de presencia, 24, 35, 37; de reclamo territorial 22, 26, 28, 32, 33, 35; de reconocimiento 24, 32, 35; pidiendo ayuda 38
Migraciones **8-9,** 10, 13, 50; navegación 9, 10, 13
Mono araña 13
Monos aulladores 35, 37
Monocromas **43,** 43
Murciélagos 4, 14, **16-17** *véase también* Zorro volador

- N -

Nutria marina: uso de herramientas 62, **67**

- Ñ -

Ñus **8-9,** 10, 13

- O -

Ofiuros: reproducción **44**
Oreotrago saltador **6,** 7, 7, 26, 32, 33
Orugas: mariposa saltarina 85, **85;** esfinge **91;** mariposa cola de golondrina **86-87**
Oso pardo: pesca **60-61**

- P -

Pájaros bobos: de Adelia **20-21**
Pájaros carpinteros: de las bellotas **68,** agujeros de almacenamiento **69;** moteados 35
Palomas 13, cortejo 91
Pavos reales: cortejo 30
Pejesapo **66;** como atrae a sus presas 66
Pelícanos pardos 59, **60,** 62
Peresoso **12,** 13, 14
Perros de las praderas 24, 78, 80; de cola negra 24
Pez erizo 82, **83;** hinchado **83**
Pez león **76-77,** 78
Pez limpiador 59, 62, **63**
Pez moteado **62-63**
Pingüino real 52-53
Polillas 35; emperador **32;** luna 32; *véase también* Orugas
Pulpo: propulsión a chorro 18, **18**

- R -

Rabihorcado 30, **30,** 32, **60**
Ranas 13, 35; arborícola europea **10-11;** arborícola gris **36;** arborícola venenosa 89
Reproducción: producción de huevos 46, incubación interna **44-45, 47,** 50, insectos 46, **46, 84,** mamíferos 43, **43,** 46; pájaros 17, 50, 51, 52, 80, 91, peces 40, 48, **48,** 61; gestación 40, 42, 43, 49; partición 44, 46; regeneración **45,** 46, 50; sin apareamiento 44, 46; *véase también* cuidado de las crías
Respiración 38, 66, 70, 71; araña de agua europea 73; ballenas 70, **72-73;** gobio 70, 73; iguana marina **74-75**
Rinocerontes 32; simbiosis **62**

- S -

Salmón 40, 61, **61;** del Pacífico 13
Saltamontes 36; en salto 11
Sapo vientre de fuego 85, **88-89**
Serpiente comedora de huevos 57
Sifaka 15
Simbiosis 59, 62, **62-63**

- T -

Tácticas de defensa **11,** 36, 62, 76, 78; agrandamiento 82, **82-83;** conchas 1, 2, 85; desprendimiento de la cola **81;** enmascaramiento **91;** espinas **76-77,** 82, **83;** grupos 78, **78, 79,** 80; huida **4-5,** 78, **78-79,** 82, 85; ocultamiento 85, **85;** olores fétidos 86, 87, 89; señuelos 80, **80-81,** 81 82, 91; uso de otros animales como armas **86-87;** *véase también* Animales venenosos; Camuflaje; Despliegue de amenazas
Tortuga: concha protectora 85

- V -

Venado de cola blanca **78-79**
Vencejos: velocidad 17

- Z -

Zorrillo **87;** olor fétido 87, 89
Zorro volador: cuidado de las crías **49**

LOS ANIMALES HACEN COSAS ASOMBROSAS

PUBLICADO POR LA
NATIONAL GEOGRAPHIC SOCIETY
WASHINGTON, D.C.

Gilbert M. Grosvenor, *President and Chairman of the Board*
Melvin M. Payne, Thomas W. McKnew, *Chairmen Emeritus*
Owen R. Anderson, *Executive Vice President*
Robert L. Breeden, *Senior Vice President,
Publications and Educational Media*

PREPARADO POR LA
DIVISIÓN DE PUBLICACIONES ESPECIALES
Y DE SERVICIOS ESCOLARES

Donald J. Crump, *Director*
Philip B. Silcott, *Associate Director*
Bonnie S. Lawrence, *Assistant Director*

EDICIÓN EN ESPAÑOL

Pedro Larios Aznar, *Revisión Técnica y Adaptación*
María Teresa Sanz de Larios, *Editora*
Maia Larios Sanz, *Traductora*

Coedición:
C.D. Stampley Enterprises, Inc.
Promociones Don d'Escrito, S.A. de C.V.